U0635807

本书得到了欧盟"转变亚洲"计划——中国生态管理审核体系能力建设项目的资助，不得视为反映了欧盟的观点。

This publication has been produced with the financial assistance from EU SWITCH-ASIA Premium Environmental Management for Companies in China (EMAS GlobalChina)(DCI-ASIE/2011/263-220). The contents of this publication can in no way be taken to reflect the official opinion of the European Commission.

生态管理审核体系的建立与认证

Establishment and Verification of the Eco-Management and Audit Scheme

主 编 郭日生 彭斯震
副主编 秦 媛 耿 宇

科学出版社

北 京

内 容 简 介

在欧盟"转变亚洲"计划——中国生态管理审核体系（EMAS）能力建设项目支持下，项目组编写了本书，主要内容包括：EMAS 产生背景和发展历程，对 EMAS 法规（第三版）的解读，如何建立和实施 EMAS，EMAS 注册与认证，并结合中国环境管理工作提出了政策建议，此外还介绍了一些企业、城市等 EMAS 实施与注册案例。

本书可供广大从事企业环境管理、气候变化等相关工作的政府、科研、规划、管理和咨询人员等参考使用。

图书在版编目（CIP）数据

生态管理审核体系的建立与认证／郭日生，彭斯震主编. —北京：科学出版社，2016

ISBN 978-7-03-047528-2

Ⅰ.①生⋯　Ⅱ.①郭⋯　②彭⋯　Ⅲ.①生态环境–环境管理–质量检查–研究　Ⅳ.①X171.1

中国版本图书馆 CIP 数据核字（2016）第 044327 号

责任编辑：李　敏　王　倩／责任校对：彭　涛
责任印制：徐晓晨／封面设计：无极书装

科 学 出 版 社 出版
北京东黄城根北街 16 号
邮政编码：100717
http://www.sciencep.com

北京教图印刷有限公司 印刷
科学出版社发行　各地新华书店经销

*

2016 年 3 月第 一 版　开本：720×1000　1/16
2017 年 2 月第二次印刷　印张：14 1/4　插页：2
字数：300 000

定价：88.00 元
（如有印装质量问题，我社负责调换）

编 写 委 员 会

主　　编　　郭日生　　彭斯震

副 主 编　　秦　媛　耿　宇

编写人员　　(按姓氏汉语拼音排序)

柏樱岚　　常　影　　樊　俊

耿　宇　　郭日生　　李在卿

栾　芸　　裴志永　　彭斯震

秦　媛　　王　璟　　王文燕

谢　茜　　邢子强　　张晓卉

张亚杰　　张　瑜　　周　斌

前　言

谁希望保留那些值得保留的，就必须改变那些需要改变的。

——威利·勃兰特（前西德总理）

如同发达国家的环境污染与治理历程，在中国，环境保护逐渐成为人们共同的目标。发达国家在环境管理方面积累了相当丰富的实践经验，包括技术、工具、管理、政策等，既为中国提供了可借鉴的工具，也为中国的环境管理工作带来希望。近几年，温室气体排放与经济脱钩这一观念正在逐渐被人们了解并接受。实现这一目标需要技术、法律、政治共同对经济予以影响，需要人们逐渐从可持续消费与生产的角度推动可持续发展。

自从 20 世纪六七十年代起，人们不断进行探索实践，解决环境污染，从政府监管到鼓励自愿的环保行为。1992 年在巴西里约热内卢组织召开的联合国环境与发展大会，成为环境管理历程中重要里程碑之一，标志着世界环境保护工作的新起点，全球共同探求环境与发展的协调，实现人类与环境的可持续发展。在这一时期，许多国家陆续颁布旨在解决环境与发展的法规，研究、推广相关技术与工具。例如，联合国环境规划署（UNEP）则在 20 世纪 90 年代前后提出清洁生产的理念。美国从 20 世纪 80 年代提出的废物量最小化转变为 1990 年底提出的污染预防。德国的环境政策从 20 世纪 80 年代强制性控制逐渐转为预防和合作，从源头上避免污染和废物的产生，2001 年成立了可持续发展委员会，定期总结成果、发现问题。德国经验表明，环境保护成为推动经济发展的重要发动机。日本从 20 世纪 60 年代至今，经历了工业型污染、生活型污染、碳减排问题过程，兴起了环保产业，包括污染防治、碳减排、资源循环、自然环境保护四大领域。

欧共体于 1990 年在德国慕尼黑环境圆桌会议上开始讨论制订环境管理

标准、开展环境审核等问题。为了进一步推动欧盟可持续发展的目标，欧盟委员会于 1993 年将生态管理审核体系（EMAS）以（EEC）1836/93 号法规的形式发布，作为欧共体的一项环境政策工具。EMAS 是以英国环境管理体系标准（BS 7750）为基础，将 EMAS 作为欧共体实现可持续发展的重要手段之一，自 1995 年开始实施。由于欧盟和英国未能在国际标准化组织（ISO）中发挥明显的作用，1996 年 ISO 发布的 ISO 14001 比 EMAS 的要求宽松。从 2015 年发布的新版 ISO 14001 增加了环境声明、环境绩效方面的内容，这也充分证明了 EMAS 目前仍然是全球最佳环境管理体系。

为了逐步扩大 EMAS 的应用范围，欧盟委员会分别于 2001 年和 2009 年对 EMAS 法规进行了修订，即 EMAS II 和 EMAS III。对 EMAS 的第一次修订是在不降低其严格的法规要求前提下，应对与 ISO 14001 的竞争，在 EMAS 注册过程中，认可 ISO 14001 环境管理体系，并将其作为 EMAS 的一部分，这为欧盟的环境管理体系增加了活力。尽管 EMAS II 做了诸多修订，但 EMAS 在国际上的影响力仍然较为有限。从注册数量和增长趋势来看，ISO 14001 远超过 EMAS，欧盟内部对 EMAS II 的修订不太满意，希望 EMAS 法规不只是修订，而是有明显的更新，成为生态标签或最卓越的体系。2005 年欧盟对 EMAS 的较大规模评估结果表明，EMAS 并未实现大规模推广使用，于是欧盟对 EMAS 进行了第二次修订，特别是在"加强 EMAS 的适用性和公信力"和"提升 EMAS 的可推广性"这两个方面，形成了 EMAS III。

为了探索在中国推广 EMAS 的可行性和适用性，中国 21 世纪议程管理中心在欧盟"转变亚洲"计划的资助下，开展了中国生态管理审核体系（EMAS）能力建设项目（Premium Environmental Management for Companies in China（EMAS Global China）-DCI-ASIE/2011/263-220），旨在将 EMAS 这一优质环境管理工具推广给中国的各类组织，其中以制造业企业为主要对象，也包括服务业、学校等第三产业和公共机构，帮助各类组织提高环境管理能力，在环保合规和持续改进环境绩效的同时，促进与公众之间的有效沟通，促进我国可持续生产和消费。在欧盟专家和中方专家的指导下，项目培训了近百名 EMAS 认证员，并在天津、江苏、四川、广东等 9 个省（自治区、直辖市）推进约 150 个 EMAS 企业试点，初步探索了 EMAS 在中国的两种适用模式，即"串连模式（Tandem Model）"和"EMAS 模块化方式（EMAS-Modular Approach）"。

本书分为 6 章，主要包括 EMAS 的概述、EMAS 法规、如何建立与实施 EMAS、EMAS 外部审核与注册等内容，结合欧盟 EMAS 推广历程和经验，并选取了一些注册机构的案例和欧盟国家推动 EMAS 的政策措施，同时对比分析中国的认证认可体系，提出在中国推广 EMAS 的政策建议。

本书的编写得到环境管理、认证认可领域的专业人士和同仁们的指导和帮助，在此一并表示衷心的感谢。

书中不足和疏漏之处在所难免，欢迎读者批评指正。

编　者

2016 年 2 月

目　　录

前言

1 生态管理审核体系概述

1.1 生态管理审核体系

生态管理审核体系（Eco-Management and Audit Scheme，EMAS）是欧盟发布的一个自愿性环境管理工具，旨在评估、报告和提高环境绩效，适用于任何类型、任何规模的组织[①]，包括企业、公共机构、学校、医院、宾馆、公共建筑等。EMAS 自 1995 年开始在欧盟实施，已经有 20 年的发展历史，最新版本于 2010 年 1 月开始实施，从过去仅针对欧盟成员国组织注册转变为向所有非欧盟成员国开放。

EMAS 作为实现环境绩效管理的最佳工具，通过市场手段推动环境保护，将环境保护融入企业的管理核心，也是传统行政管控方式的一个有效补充手段。一个组织通过实施 EMAS，不仅能够提高绩效管理的公信力，而且能够提升其品牌价值与透明度。

EMAS 的主要功能有以下 3 个方面：

（1）承担环境和经济责任；

（2）提高环境绩效；

（3）就环境效益与公众和利益相关方进行更好的沟通，特别是为环境信息公开和环保报告做好准备。

[①] EMAS 法规英文版使用的 "organisation"，本书以下章节均使用 "组织" 一词，以保持和 EMAS 法规的一致。

1.2　EMAS 法规产生背景和发展历程

对于一个组织而言，环境绩效日益受到人们的关注，在活动与决策中不考虑环境绩效已经是不可能的事情。自 20 世纪 80 年代起，随着各国政府加强环境监管力度、法律诉讼案件数量的攀升、媒体对工业负面报道增加，西欧和美国的一些企业为了改善企业的环境形象，开始采取自愿的环保行为，进行环境审计。荷兰于 1988 年试行实施企业环境管理体系，在两年内逐渐实现了标准化和许可制度。英国标准协会（BSI）于 1992 年发布了环境管理体系标准（BS 7750）。为了加强欧洲范围内工业企业的环境意识和管理水平，欧共体于 1990 年在德国慕尼黑环境圆桌会议上开始讨论制订环境管理标准、开展环境审核等问题。为了进一步推动欧盟可持续发展的目标，欧盟委员会于 1993 年发布了 EMAS 法规（即（EEC）1836/93 号法规），作为一项环境政策工具。EMAS 是以英国环境管理体系标准（BS 7750）为基础，作为欧共体实现可持续发展的重要手段之一，自 1995 年开始实施。因此，EMAS 的实施比 ISO 14001 环境管理体系认证提早一年时间开始。

EMAS 法规对组织的合规性要求非常严格，主管机构通常是政府部门或者政府部门指定的代理机构，对于已经注册 EMAS 的组织，主管机构一旦认定组织在环保方面有不合规行为，将立刻中止其 EMAS 注册资格。这样严格的合规要求，可以有效地避免组织在环保方面违规，也保障了 EMAS 在环境管理体系领域的"含金量"，使得其自出台之日起一直保持着世界最佳环境管理体系的地位。

欧盟委员会对 EMAS 法规的实施予以不断关注，逐步扩大 EMAS 的应用范围，分别于 2001 年和 2009 年对 EMAS 法规进行了修订，即 EMAS II 和 EMAS III。EMAS 最初只是为工业设计的环境管理体系法规，现已经适用于任何行业和任何类型的组织，并面向全球注册（图 1-1）。

图 1-1　EMAS 法规发展历程

1.2.1　EMAS 法规第一版（EMAS I）

EMAS I 是在英国的环境管理体系标准（BS 7750）基础上，整合欧盟一些成员国的法规要求（如德国），比 BS 7750 的要求严格，特别强调自查和持续降低环境影响。在环境初审时，要根据需要调整环境目标的设定，并且发布一个包括全面环境信息的环境声明。在法规出台过程中，曾引发了一些成员国的担心，他们担心本国企业或者本国的环境法规体系会受到如此严格的环境法规的影响。

EMAS I 自 1995 年 4 月开始在欧盟范围内实施，EMAS 与传统法规的不同之处在于，工业企业是自愿参加，而不是各国政府强制企业实施，但 EMAS 法规中有具体的环保合规要求，这保障了 EMAS 成为一个严格的、公信力高的环境手段。当时 EMAS 注册仅适用于设于欧盟和欧洲经济区内部成员国的工业和制造业企业。

EMAS 系统检查评估组织的环境绩效情况，允许每个组织根据自身的经济状况而设定适当的环境目标，以实现经济效益和环境效益的双赢。EMAS 之所以具有较高的透明度和公信力，是因为每个组织都必须通过独立的、客观的认证过程，该过程需要具有资质的环境认证员来进行。环境认证员检查环境声明中所有数据信息的真实性，环境声明用于组织对外进行信息沟通，包括与其利益相关方和公众。

欧盟未能在国际标准化组织（ISO）中发挥明显的作用，因此 1996 年 ISO 发布的 ISO 14001 比 EMAS 的要求宽松，特别是在环境声明、环境绩效方面。许多企业为此在国际商务中选择了 ISO 14001，其中包括欧盟的一些企业。

1.2.2　EMAS 法规第二版（EMAS II）

欧盟委员会对 EMAS I 进行修订后，于 2001 年发布 EMAS II 法规，目的是：①扩大适用范围，从最初的工业扩展到所有经济活动组织，包括政府等公共机构、学校、非政府组织，例如德国第一个注册 EMAS 的公共机构是德国联邦环境部；②关注重要的间接环境因素；③更加注重组织对外发布环境声明或相关报告；④发布 EMAS 新标识。

本次修订主要有以下 6 个方面：①适用范围；②与 ISO 14001 的关系；③EMAS 标识；④员工参与；⑤环境声明；⑥直接环境影响。

这次修订也是在不降低其严格的法规要求前提下，应对与 ISO 14001 的竞争。在 EMAS 注册过程中，认可 ISO 14001 环境管理体系，并将其作为 EMAS 的一部分，这为欧盟的环境管理体系增加了活力。

1.2.3　EMAS 法规第三版（EMAS Ⅲ）

尽管 EMAS Ⅱ 做了诸多修订，EMAS Ⅰ 和 EMAS Ⅱ 都是优秀的环境管理体系，但 EMAS 在国际上的影响力仍然较为有限。从注册数量和增长趋势来看，ISO 14001 远超过 EMAS。欧盟内部对 EMAS Ⅱ 的修订不太满意，他们希望 EMAS 法规不只是修订，而是有明显的更新，成为生态标签或最卓越的体系。

按照 EMAS Ⅱ 第 15 条规定，在该法规实施之后的每五年之内，欧盟委员会应根据实际经验进行一次修订，如果有必要，还应向欧洲议会和欧共体理事会提交相关建议。这一点体现了 EMAS 的动态特征，而且表明 EMAS

是一种基于实际需求的市场手段，充分反映出利益相关方的立场。在 2005
年，欧盟对 EMAS 进行了一次较大规模的评估，充分了解到 EMAS 的优势
和弱项，并就如何提高 EMAS 法规的效力提出了建议。这项评估结果显
示，在微观层面上，EMAS 显著提高了组织的环境绩效，因此 EMAS 有助
于欧盟实现其环境议程，推动生产方式和消费方式向着环境友好的方向转
变。此外，该评估发现，EMAS 并未实现大规模推广使用，当时欧盟注册
组织数量为 4700 多家，从整个欧盟来，数量太少，与此同时，EMAS 的
"竞争对手" ISO 14001 在欧洲通过认证的数量约为 3 万家。按照欧盟里斯
本战略（Lisbon Strategy）简化商业的监管框架，在可持续生产和消费领
域，EMAS 这类自愿型工具有一定的吸引力。因此，欧盟再次对 EMAS 法
规进行修订，在 2009 年以第 1221/2009 号法规发布了 EMAS Ⅲ，这次修订
主要集中在以下两方面：①加强 EMAS 的适用性和公信力；②提升 EMAS 的
可推广性。

从 EMAS I 到 EMAS Ⅲ 中新增内容详见表 1-1。

表 1-1　EMAS 法规新增内容

内容	EMAS Ⅱ	EMAS Ⅲ
发布时间	2001 年 9 月	2009 年 11 月
适用范围	从工业企业扩展到任何组织和经济活动，不限于工业企业	同 EMAS Ⅱ
与 ISO 14001 的关系	认可 ISO 14001 环境管理体系，从 ISO 14001 较为容易地转化为 EMAS	同 EMAS Ⅱ
EMAS 标识	已注册组织可以使用 EMAS 标识	同 EMAS Ⅱ
员工参与	实施过程中鼓励员工广泛参与	同 EMAS Ⅱ
环境声明	加强了对环境声明的要求，有利于与已注册组织、利益相关方、公众之间的透明沟通	同 EMAS Ⅱ
直接环境影响	包括投资、管理、规划等决策，以及采购、服务等，如餐饮活动	同 EMAS Ⅱ

内容	EMAS Ⅱ	EMAS Ⅲ
鼓励注册	同 EMAS Ⅰ	①对中小企业简化注册程序；②鼓励和促进团体注册，降低团体注册费用；③推广行业或批量注册优惠；④在环保合规方面扶持成员国和组织
核心环境指标管理	同 EMAS Ⅰ	记录环境绩效，便于年度间对比、机构间对比
制定行业参考文件（SRD）	同 EMAS Ⅰ	2010 制定出工作线路图，向公众开放，定期更新
加强 EMAS 公信力	同 EMAS Ⅰ	加强了合规要求
EMAS 推广	同 EMAS Ⅰ	①开放了对位于欧盟之外组织的注册，可以在以下国家进行全球注册：芬兰、德国、西班牙、意大利、丹麦、奥地利、比利时、葡萄牙；②保持 EMAS 标识的一致性和独特性；③欧盟委员会和欧盟成员国信息交流程序和推广协调；④承认同等环境管理体系，实现从现有环境管理体系升级到 EMAS

1.3　EMAS 与其他管理体系的关系

正如《欧洲联盟条约》（Treaty of Maastricht）第二条的规定，欧盟成立的目标是推动建立和谐平衡的经济活动，营造可持续的而非通货膨胀的增长，并保护环境，提高成员国人们的生存和生活质量，提高经济和社会的凝聚力。《欧盟可持续发展战略》（EU Sustainable Development Strategy）充分体现了可持续发展的目标，并要求使用各种环境政策工具，2008 年欧盟发布了《可持续消费与生产、可持续工业政策》行动计划（European Commission presented the Sustainable Consumption and Production and Sustainable

Industrial Policy（SCP/SIP）Action Plan），作为《欧盟可持续发展战略》的主要实施内容。SCP/SIP 行动计划包括一系列可持续生产与消费方面的方案和工具，旨在提高产品、组织的环境绩效，增加可持续商品与生产技术的需求。这些工具之一就是 EMAS，用于推动提高资源效率、推广清洁生产。

EMAS 和欧盟生态标签（EU Ecolabel）、绿色公共采购（Green Public Procurement，GPP）等其他工具补充了欧盟和成员国可持续生产与消费方面的政策。EMAS 并不是要完全替代现有的环境法规、环境标准，无论是在国家还是地区层面，也不是要免除任何一家公司的合规责任。因此 EMAS 与其他管理手段相互兼容（图 1-2），包括对供应商的管理，它可以作为任何可持续行动的基石和跳板。

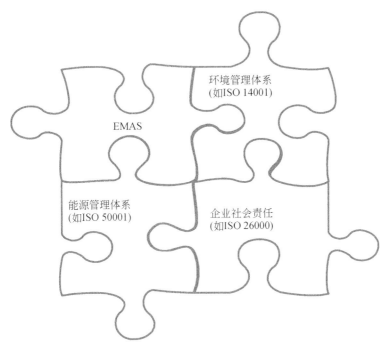

图 1-2　EMAS 与其他管理体系的关系

EMAS 的要求超过了 ISO 14001：2004，EMAS 和 ISO 14001：2004 的关系见图 1-3，主要体现在 EMAS Ⅲ 法规的附件二。

图 1-3　EMAS 与 ISO 14001：2004 的关系

1.4　实施 EMAS 的收益

1.4.1　注册 EMAS 的动力

根据欧盟对已完成 EMAS 注册的组织进行的研究，最大的 3 个注册动力分别为

（1）希望提高资源效率和生产效率；

（2）企业管理文化的需要；

（3）希望提高组织的声誉。

此外，组织注册 EMAS 的动力还包括提高对利益相关方的透明度、合规等，详见图 1-4。

从图 1-5 和图 1-6 可以看出，制造型企业通常会比较重视提高资源和生产效率；接近消费者的组织则较为重视提高向利益相关者的透明度，以及来自供应链的压力；公共机构注册 EMAS 的动力通常来自提高员工的参与度，向利益相关者的透明度，比私营机构更为重视提供更环保的产品或服务。对于私营部门和工业领域的组织，注册 EMAS 的动力通常来自提高信誉，满足供应链或客户的要求。

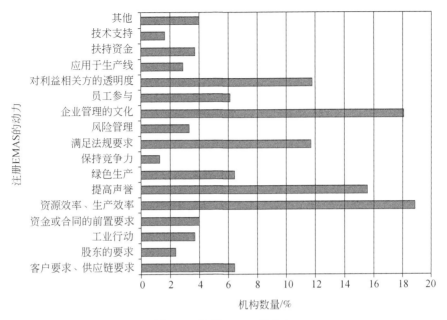

图 1-4　注册 EMAS 的动力

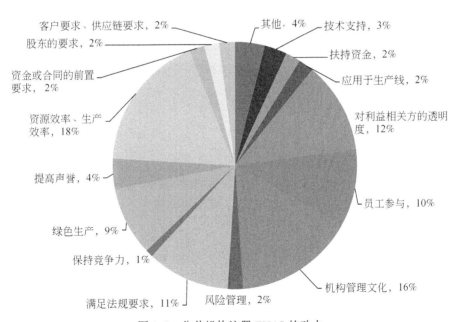

图 1-5　公共机构注册 EMAS 的动力

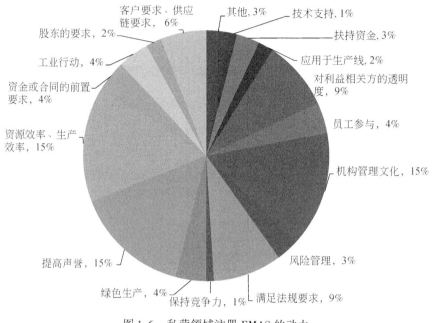

图 1-6　私营领域注册 EMAS 的动力

1.4.2　注册 EMAS 的收益

实施 EMAS 可以节约资源和能源、减少事故风险、提升与各利益相关方的关系等，详见图 1-7。

EMAS 的作用和优势体现在以下 9 个方面：

（1）全面扫描、全面合规、减轻其他环保合规类项目工作量。EMAS 能够帮助组织系统、全面地检查和验证环保合规情况，为其他环保合规类项目提供充分基础，避免重复工作，减轻员工和企业的负担。

（2）降低生产成本，提高资源、能源利用效率。通过 EMAS 及其配备的相关行业最佳实践、优秀案例，组织可以显著提高资源、能源的利用效率，能够直接降低成本。

（3）彰显社会责任。EMAS 是企业社会责任管理与报告的优秀工具，让"社会责任"不只是口号和作秀，而是具体可见、可验证的日常运作，并成

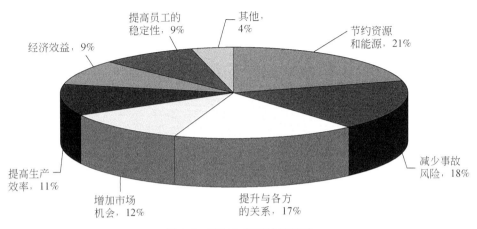

图 1-7　EMAS 实施效益统计

统计数据截止到 2009 年 10 月，数据来自欧盟《EMAS 使用指南》，eur-lex. europa. eu/legal-content/

EN/TXT/？qid＝1405520310854&uri＝CELEX：32013D0131

为其竞争力的组分。

（4）实现绿色采购与绿色供应链管理。EMAS 能帮助组织有效管理来自境内外供应商的环境风险。

（5）形成全面、可靠、系统的信息。在信息时代，数字化形象是维护自身公众形象、建立相互信任的重要基础。EMAS 的环境绩效报告、验证过程、标识（logo）能够为组织建立起全面、可靠、系统的信息。

（6）推动工作考核的透明度、公正性。EMAS 包括六类核心指标，这些指标让相关考核变得清晰明确。此外，这些指标也成为对外信息沟通的基础素材。

（7）把环保理念转化为员工的环保行为。参与环保行动会提升员工的归属感，形成良好的工作氛围，提升工作积极性，从而为组织带来各种益处。

（8）与利益相关方建立起更好的合作伙伴关系，实现共赢。处理好与各个利益相关方的关系并不是一件容易的事情，EMAS 为组织提供这方面的工具：建立良好的关系，或改善相互之间的关系，驱动创新、共赢。

（9）主动应对气候变化。无论目前是否属于碳交易试点，温室气体减排都成为各方的共同期待和要求。EMAS 能够帮助组织监管温室气体排放情况，并且提高能源管理水平。

1.5　EMAS 注册情况

1.5.1　EMAS 在欧盟的注册

截至 2014 年 12 月，欧洲地区注册 EMAS 体系的组织数量为 3341 家，注册场所（Site）的数量为 10 447 家①。注册 EMAS 的组织主要位于意大利、西班牙、奥地利和德国。注册数量最多的 3 个国家依次是意大利、西班牙和奥地利。其中，意大利境内的注册组织和场所最多，分别占 EMAS 注册总数量的 35.5% 和 60.3%。上述 3 个国家注册组织和场所数量分别占总数量的 75.4% 和 81.0%。这主要与目前上述国家执行的环境政策相关，这 3 个国家的政府对实施环境管理体系的企业直接给予资金支持，或者是减少其行政管理费用。例如在意大利，政府拨出 250 万欧元用于支持进行 EMAS 注册或者通过 ISO14001 认证的中小型企业，那些通过环境管理体系认证或注册的企业将得到 40% ~ 80% 的赠款，金额为 0.75 万 ~ 3 万欧元。奥地利政府为注册 EMAS 的企业提供 50% 的注册费用。

从图 1-8 可以看出，在 1997 ~ 2014 年期间，EMAS 注册组织数量并没有显著的增减趋势，但是注册场所数量呈现显著上升趋势（除偶有反复）；EMAS 注册组织数量在 2010 年之前基本呈现水平状态，之后有显著上升趋势。

注册 EMAS 的组织规模构成如图 1-9 所示，注册 EMAS 的主要是中小型组织（雇员人数范围为 10 ~ 250 人），约占注册总数的 62%；大型组织（雇员人数>250 人）和微型组织（雇员人数<10 人）的注册数量分别占注册机构总数的 19%。这与欧盟组织规模的总体分布状况相关。

---

①　ec. europa. eu/environment/emas/registration/sites_ en. htm

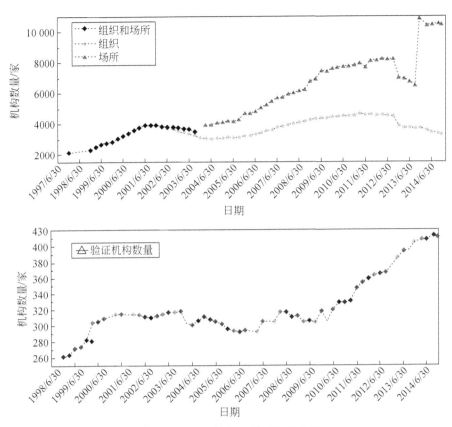

图1-8 EMAS注册数量时间变化图

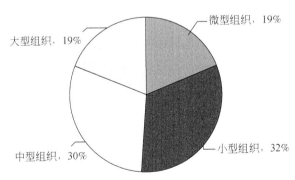

图1-9 EMAS注册机构规模分布图

资料来源：EMAS implementation in the EU：level of adoption，benefits，barriers and regulatory relief

1.5.2　EMAS 在欧盟以外地区的应用情况

由于 EMAS 在 2010 年（EMAS Ⅲ）才可以在全球范围内进行注册，推广时间较晚，因此目前 EMAS 主要在亚洲、大洋洲和南美洲等地区得到了一定的推广和应用，主要有以下三种形式：

1）欧洲地区的跨国企业在海外分公司注册 EAMS

在欧盟"转变亚洲"计划的支持下，中国 21 世纪议程管理中心联合 4 家机构开展了中国生态管理审核体系（EMAS）能力建设项目，推动 EMAS 体系在中国应用。目前，舍弗勒集团在中国的 5 家分公司和芬欧汇川（中国）有限公司已完成企业内 EMAS 体系的构建，在欧盟完成注册。

芬欧汇川集团将 EMAS 体系引入该集团位于南美洲乌拉圭弗赖本托斯市的纸浆厂中，并于 2012 年 9 月完成该纸浆厂在欧盟 EMAS 体系的注册，成为第一个在欧洲以外地区引入 EMAS 体系的试点工厂。

2）将 EMAS 作为企业采购的必要条件之一

在日本，部分企业将通过 EMAS 注册作为公司绿色采购的必要条件之一，如日本最大的移动通信运营商都科摩公司（NTT docomo）专门出台了绿色采购的指导手册。

3）将 EMAS 作为国家环境管理的工具

在新西兰，EMAS 被视为有效的企业环境绩效评估标准之一。如新西兰能源审计服务网（Energy Auditing Services in New Zealand）专门提供了基于 EMAS 的能源审计服务。在澳大利亚，EMAS 被作为最有力的环境管理体系之一，对于提升企业环境绩效水平具有显著推动作用。在新加坡，EMAS 作为企业环境信用的标志之一，并将 EMAS 标识作为企业产品的绿色标志之一。

1.6　EMAS 奖

2005 年，欧盟委员会决定设立 EMAS 奖（EMAS Awards），以奖励那些

EMAS 注册组织中在环境保护方面的优秀代表，每年选定环境管理的一个主题，围绕资源效率和废弃物管理。自 2012 年之后，EMAS 奖项有了一个更加明确的主题——"高效生态创新，提升环境绩效"（Effective Eco-innovations Supporting Improvements in Environmental Performance）。EMAS 颁奖典礼成为推广 EMAS、奖励领跑者的重要推动力。在这个典礼上，获奖组织可以展示他们的最佳环境管理实践。

所有已注册 EMAS 的组织均有资格申请该奖项，将申请表格和相关材料一并交给本国主管机构，需要获得本国主管机构的提名推荐，需要答辩或通过 EMAS 主管机构的评估。

按照以下六个类型，每个国家每个类型只能推荐一个名额：

1）私营领域

（1）微型组织：员工数量少于 10 人，年营业额或年度决算额不超过 200 万欧元。

（2）小型组织：员工数量少于 50 人，年营业额或年度决算额不超过 1000 万欧元。

（3）中型组织：员工数量少于 250 人，年营业额或年度决算额不超过 4300 万欧元。

（4）大型组织：员工数量在 250 人以上，年营业额或年度决算额超过 4300 万欧元。

2）公共领域

（1）小型组织：管辖人口不足 1 万人，或雇员数量低于 250 人，或年营业额低于 5000 万欧元，或年度决算额不超过 4300 万欧元。

（2）大型组织：管辖人口超过 1 万人，或雇员数量超过 250 人，或年营业额超过 5000 万欧元，或年度决算额超过 4300 万欧元。

2 EMAS 法规

2.1 EMAS 法规的主要内容

最新的 EMAS 法规（2009 年版，EMAS III，编号：（EC）No. 1221/2009）包括前言、正文（共有九章 52 条）和 8 个附件，总体情况见表 2-1。

表 2-1 EMAS 法规主要内容概览

EMAS 法规章节	主要内容
前言	法规制定的依据和目的
第一章	总则：包括 EMAS 的目的，术语定义
第二章	注册：规定了注册主管部门，注册所需的准备和文件要求
第三章	注册后的义务：关于续期，对小型组织的简化，实质性变化，内部环境审核，EMAS 标识的使用
第四章	对主管机构的规定：包括主管机构的作用，受理注册和注册续期、中止或注销注册资格，主管机构论坛和同行评估
第五章	对环境认证员的规定，包括其资格规定、认证工作要求、以及监督
第六章	对认证机构和许可机构的规定
第七章	对欧盟各成员国的要求，特别是在 EMAS 推广、信息、援助支持等方面
第八章	对欧盟委员会的工作要求
第九章	对法规的修订、法规生效时限等
附录	附件一：环境初审 附件二：对环境管理体系的要求，与 ISO14001 标准条文的比较 附件三：内部环境审核 附件四：环境声明 附件五：对 EMAS 标识的说明

续表

EMAS 法规章节	主要内容
附录	附件六：注册所需信息
	附件七：环境认证员的工作声明
	附件八：其他相关表格

2.2 组织和场所的概念

EMAS 法规第一章第 2 条对"组织"和"场所"这两个词的定义为

组织（Organisation）：地处欧共体境内外、自身具有职能和管理的公司、企业、政府部门或机构，也可以是上述组织的一部分或联合体，无论是否为法人团体，无论是公有还是私营。

场所（Site）：位于一定的地理位置，属于一个组织管辖，包括该场所发生活动、提供的产品和服务，包括所有基础设施、设备与材料。场所是可以进行 EMAS 注册的最小实体。

以企业为例，场所可以理解为企业的一个生产工厂。在 EMAS 注册中，一个组织可能会包括一个或多个场所。

2.3 注 册 受 理

EMAS 面向各经济领域的各种组织，通过使用欧盟经济活动分类统计编码（NACE）来对经济活动进行分类。NACE 编码详见《2006 年 12 月 20 日发布的欧洲议会和欧盟理事会关于建立经济活动统计分类 NACE 第 2 版的（EC）1893/2006 号法规》（出版于 2006 年 12 月 30 日的官方公报 L 393）。

EMAS 法规适用于欧盟所有 27 个成员国、欧洲经济区成员国（挪威、冰岛、列支敦士登）。EMAS 面向全球范围的组织开放注册，受理那些位于欧盟之外的组织注册（即全球 EMAS 注册），进行全球注册 EMAS 需要联系注册所在成员国的环境认证员。目前共有 8 个欧盟成员国受理全球注册，分别是芬兰、德国、西班牙、意大利、丹麦、奥地利、比利时和葡萄牙。

欧盟成员国 EMAS 主管机构和认可机构名录见表 2-2。

表 2-2　欧盟成员国 EMAS 主管机构和认可机构一览表

国家	EMAS 主管机构及地址	EMAS 认可机构	是否受理全球注册
奥地利	奥地利联邦环境办事处	奥地利联邦农业、林业、环境和水资源管理部，VI/7 部门	是
比利时	国家层面：比利时联邦服务中心——健康、食品安全、环境 佛兰德地区：环境、自然与能源局，环境许可证处 布鲁塞尔首都区：布鲁塞尔环境管理研究院（IBGE），总务处 瓦隆地区：瓦隆公共服务局——农业、自然资源和环境，服务保障管理	比利时财政部，经济、中小企业、个体经营和能源司，质量与安全部	是
保加利亚	保加利亚环境与水资源部，预防活动理事会，工业污染预防司	执行机构，保加利亚认可服务中心	否
克罗地亚	克罗地亚环境署	克罗地亚认可署	否
塞浦路斯	塞浦路斯农业、自然资源与环境部，环境司	塞浦路斯商务、工业与旅游部，质量促进中心（CYS）	否
捷克	捷克环境部	捷克认可协会	否
丹麦	丹麦环保署	丹麦认可与计量基金会	是
爱沙尼亚	爱沙尼亚环境署	爱沙尼亚认可中心（EAK）	否
芬兰	芬兰环境研究院	芬兰计量和认可服务中心	是
法国	法国经济财政与工业部，伏尔泰旅游可持续发展委员会	法国国家认可委员会（COFRAC）	否
德国	德国工商总会	德国环境认证员许可机构	是
希腊	希腊环境、能源与气候变化部，国际关系和欧盟事务司，以及希腊 EMAS 委员会	希腊国家认可委员会（ESYD）	否

续表

国家	EMAS 主管机构及地址	EMAS 认可机构	是否受理全球注册
匈牙利	匈牙利环境、自然和水稽查大队，政府间气候变化专门委员会（IPCC）	匈牙利认可理事会	否
爱尔兰	爱尔兰国家认可理事会	爱尔兰国家认可理事会	否
意大利	意大利生态标签与生态审核委员会，EMAS 部门；技术支持：环境保护研究院（ISPRA）的两个独立部门，即 EMAS 部门和创新方案方法部门	（1）意大利生态标签与生态审核委员会，EMAS 部门；技术支持：环境保护研究院（ISPRA）的认可部（2）意大利国家认可委员会（ACCREDIA），认证与检查部门	是
拉脱维亚	拉脱维亚国家环保局环境审查司	拉脱维亚国家认可局	否
立陶宛	立陶宛环境署环境影响评价与污染预防司	立陶宛国家认可局	否
卢森堡	卢森堡可持续发展与基础产业部环境局	卢森堡可持续发展与基础产业部环境局	否
马耳他	马耳他竞争与消费事务管理局（MCCAA）	马耳他资格认可委员会（NAB-Malta）	否
荷兰	荷兰环境认证与职业健康安全管理体系协调基金会（SCCM）	荷兰认可委员会（RvA）	否
挪威	（1）布伦尼认证中心（BRREG）（2）挪威污染控制局，控制与应急响应司	挪威认可机构（NA）	否
波兰	波兰环境保护总局（GDEP）	波兰国家认可中心	否
葡萄牙	葡萄牙环保署	葡萄牙认可研究院（IPAC）	否
罗马尼亚	罗马尼亚环境与森林部，污染控制与影响评价司	——	是
斯洛伐克	（1）斯洛伐克环境局（SEA），废物管理与环境管理中心，环境管理处（2）斯洛伐克环保部，行业政策与可持续发展部门	斯洛伐克国家认可体系（SNAS）	否
斯洛文尼亚	斯洛文尼亚农业与环境部，环境局	斯洛文尼亚国家认可机构	否
西班牙	（1）国家级 EMAS 主管机构：西班牙农业食品和环境部，质量、环境评价与自然环境局（2）各地区 EMAS 主管机构：1）安达卢西亚自治区：环境局，环境质量与预防处	西班牙国家认可机构（ENAC）	是

国家	EMAS 主管机构及地址	EMAS 认可机构	是否受理全球注册
西班牙	2）阿拉贡自治区：阿拉贡环境研究院（INAGA） 3）阿斯图里亚斯自治区：发展、规划与环境局，环境质量处 4）巴利阿里省：农业、环境与国土局，自然环境、环境教育与气候变化处 5）加纳利群岛：教育、大学与可持续发展局，环境处 6）坎塔布里亚：环境、规划与城市局，环境处 7）卡斯蒂利亚：农业局，质量与环境评价处 8）卡斯蒂利亚省：环境与发展局，质量与环境可持续处 9）加泰罗尼亚自治区：规划与可持续局，环境质量处 10）埃斯特雷马杜拉自治区：农业、城市发展、环境与能源局，环境处 11）加利西亚自治区：环境、规划与基础设施局，环境质量与评价处 12）马德里：环境、住房与国土局，环境评价处 13）穆尔西亚自治区：农业与水资源局，环境处 14）纳瓦拉省：城市发展、环境与本地管理局，环境与水资源处 15）里奥哈地区：农业、畜牧与环境局，环境质量处 16）巴伦西亚自治区：基础设施、规划与环境局，环境质量处 17）巴斯克自治区：环境与国土政策局，环境管理处 18）休达自治市：发展与环境局 19）梅利利亚自治市：环境局	西班牙国家认可机构（ENAC）	是

续表

国家	EMAS 主管机构及地址	EMAS 认可机构	是否受理全球注册
瑞典	瑞典环保署	瑞典认可和合格评定委员会	否
英国	环境管理与评估研究所（IEMA）	英国皇家认可委员会（UKAS）	否

2.4 审核频次和现场走访

注册续期的时间间隔不应超过 3 年。主管机构可以对小型组织的审核频次要求进行以下简化：

（1）全面审查环境管理体系、审核环境规划及其进展情况、审核环境声明，由每 3 年一次延长到每 4 年一次；

（2）环境声明由每年更新延长到每两年更新一次。

希望获得上述优惠的小型组织必须符合以下条件：

（1）没有重大环境风险；

（2）依据 EMAS 法规（EMAS III）第 8 条，没有实质性变化；

（3）没有在当地产生重大环境问题。

小型组织应向注册主管机构提出相应的延期申请，附上相应的材料，证明其符合上述 3 条要求，证明文件必须有环境认证员的签字确认。小型组织不必每年向注册主管机构提出豁免申请，但是需要提交更新的环境声明，更新的环境声明可以是未经环境认证员审查的。

根据 EMAS 法规（EMAS III）第 25 条第 4 款、第 6 条第 2 款、第 18 条第 7 款，在两次注册期间每年必须有一次现场走访。依据第 7 条第 3 款，这一要求可以对小型组织进行简化。

2.5 EMAS 标识的使用

对于一个组织而言，EMAS 标识是一个具有吸引力的沟通和营销工具，EMAS 标识提升客户和利益相关方对 EMAS 的认识。按照 EMAS 最新法规（EMAS III），只有已注册而且注册是在有效期内的组织才可以使用 EMAS 标识。EMAS 标识上面必须标注出组织的注册号。已注册组织使用 EMAS 标识，可以在上面加上"通过审查的环境管理"。EMAS 标识的作用体现在以下 3 个方面：

（1）体现组织所提供的环境绩效相关信息的可靠性和可信度；

（2）体现组织对提升环境绩效的承诺，对环境因素的稳健管理；

（3）增加公众、各利益方、所有愿意提升环境绩效的组织等对这项可持续发展行动的关注。

按照 EMAS 最新法规（EMAS III），EMAS 标识不可用于产品或产品包装，也不可在活动或服务的宣传中进行比较，故意引起混淆，让人误以为 EMAS 标识是环保产品的标签。

EMAS 标识的颜色可选择以下任一种：三色（色值：绿色 355；黄色 109；蓝色 286）、黑色、白色、灰色（图 2-1）。

根据 EMAS 法规第 35 条，主管机构、许可机构、认证员特许机构、国家主管部门和其他利益相关方在与 EMAS 有关的营销与推广中，可以使用不含注册号的 EMAS 标志，但要避免让人误解，以为此 EMAS 标识的使用者自身通过了 EMAS 注册。关于 EMAS 标识的优秀案例，可以参考德国 EMAS 顾问委员会发布的《EMAS 标识使用指南》（英文版）。

根据 EMAS 法规第 40 条判断违反 EMAS 标识使用规则，成员国应采取相应的法律和行政措施。如果成员国违反了 EMAS 标识使用规则，按照欧盟 2005/29/EC 指令《关于内部市场中针对消费者的不正当商业竞争行为》进行处理。

EMAS 标识使用举例见表 2-3。

图 2-1　EMAS 标识示例

表 2-3　EMAS 标识使用举例

序号	使用场合	是否允许使用
1	在已注册组织的信笺、信封、名片、员工制服、电脑、各种袋子、旗帜等使用 EMAS 标识，以提升企业形象	可以，要写明 EMAS 注册编号，以提升已注册组织的形象
2	在提交给执法机构的文件抬头，包括组织绩效的证明数据	可以，要写明 EMAS 注册编号
3	在一个包含已注册组织报告的文件夹	可以，要写明 EMAS 注册编号；必须注明 EMAS 标识仅适用于已注册的场所
4	注有"生态产品"字样的产品	不可以，会让人误以为是生态产品的标签
5	已注册 EMAS 的航空公司在航空杂志上使用 EMAS 标识，写明注册编号	可以，要写明 EMAS 注册编号
6	已注册 EMAS 的公司拥有的飞机、火车、公共汽车、小汽车、货车、地铁	可以，要写明 EMAS 注册编号

序号	使用场合	是否允许使用
7	已注册 EMAS 的销售公司，在货车上的公司名称旁边加上 EMAS 标识，注明"从 2009 年至 2012 年，我们公司货车百公里柴油消耗降低到 x 升，降低了 20%。"	可以，要写明 EMAS 注册编号
8	一个已注册 EMAS 的旅行社，在产品目录中，把 EMAS 标识放在未注册 EMAS 的住宿图片上	不可以，这样会让人误解，因为 EMAS 标识只能用于旅行社自身
9	一个已注册 EMAS 的旅行社，把 EMAS 标识放在产品目录上，写上已经采取的可持续旅游措施	可以，要有 EMAS 注册编号
10	把 EMAS 标识放在内部员工材料上，但没有环境管理体系验证信息	可以，不需要写 EMAS 注册编号，因为是用于内部员工提高意识
11	把 EMAS 标识放在给客户、供应商的简讯或宣传册封面，内容摘自已验证的环境声明	可以，要写明 EMAS 注册编号，因为是对外沟通
12	一个集团有若干场所，其中既有已注册 EMAS 的，也有未注册的，在其年度环境报告中使用 EMAS 标识，在环境声明中清楚标明已注册 EMAS 的场所范围	可以，要写明 EMAS 注册编号，如果是团体注册，所有已注册场所是同一个注册编号，则必须使用该编号；如果每个场所单独注册，编号各不相同，则应对每个场所单独标注其 EMAS 注册编号
13	在商务报告中把 EMAS 标识作为已验证环境数据的图形要素	可以，要写明 EMAS 注册编号
14	政府组织在通用小册子中展示注册了 EMAS 的组织如何实现废物的最佳循环	可以，不需要写 EMAS 注册编号
15	在组织网站上把 EMAS 标识和已验证的环境信息放在一起	可以，要写明 EMAS 注册编号
16	在展览中用 EMAS 标识来代表已注册的组织，提升已注册组织的形象	可以，要写明 EMAS 注册编号

序号	使用场合	是否允许使用
17	在展览中用 EMAS 标识来代表已注册的组织，把 EMAS 作为环境管理体系进行推广	可以，不需要写 EMAS 注册编号
18	在报纸上同时介绍两个企业，其中一个注册了 EMAS，另一个没有注册，展示这两个企业间如何通过供应开展环境行动合作	不可以，因为其中一个企业未注册 EMAS，这样会让人误解
19	未注册 EMAS 的组织使用 EMAS 标识，目的是推广 EMAS	可以，但只能用于推广 EMAS 类的活动，不能用于推广该机构自身
20	已注册 EMAS 的公共交通组织把 EMAS 标识放在其车船票上	可以，如果仅仅是为了推广 EMAS 就不需要写注册编号，如果是为了宣传该组织自身，则需要写上 EMAS 注册编号

2.6 欧盟委员会、成员国及各机构的职责

2.6.1 欧盟委员会的职责

按照 EMAS 法规（EMAS III）第 42 条，欧盟委员会负责发布以下信息：

（1）环境声明数据库；

（2）EMAS 最佳实践数据库；

（3）欧盟在 EMAS 推广方面的扶持资金机会、资源、项目、活动。

欧盟委员会还应考虑，在制定新法规、修改现有法规时如何纳入 EMAS 注册，特别是如何实现简化行政手续、优化监管。

2.6.2 欧盟成员国的职责

根据 EMAS 法规第 33 条、35 条，欧盟成员国应当与主管机构等利益相关方共同来推广 EMAS，因此欧盟鼓励各成员国制定相应的鼓励政策。根据

EMAS 法规第 32、36 条，欧盟成员国应在环保合规事宜提供支持和帮助。欧盟成员国可以向欧盟委员会提交书面申请，说明现有的某个环境管理体系可以等同于 EMAS 的某些内容，待欧盟委员会正式批准后，使用已有环境管理体系的组织在注册 EMAS 时，对于和 EMAS 对等的那部分，无须重复执行。

2.6.3 EMAS 工作委员会的职责

根据 EMAS 法规第 49 条，EMAS 工作委员会是在欧盟委员会的领导之下，代表欧盟成员国和利益相关方，每年召开若干次会议，支持欧盟落实 EMAS 法规。EMAS 工作委员会的工作内容至少包括：发现推广 EMAS 的最佳措施，采纳 EMAS 标识使用规则，修订 EMAS 法规的附件等。

2.6.4 主管机构的职责

每个欧盟成员国都应指定一个国家层面的主管机构。主管机构应当保持中立和独立，负责内容包括：

（1）本国领域内场所的注册过程；

（2）为合格的组织发放注册编号，即那些提交了审查过的环境声明的组织；

（3）收缴注册费；

（4）推迟、中止注册资格，从注册簿中注销注册资格；

（5）回应那些对国家 EMAS 注册簿中机构的任何质疑或询问。

2.6.5 认可机构、认证员特许机构的职责

认可机构、认证员特许机构（Accreditation/Licensing Body）都必须是独立、公正的机构或组织，负责向指定欧盟成员国的环境认证员颁发许可证，

并进行监管。

在欧盟成员国，EMAS 认可机构、认证员特许机构可以是

（1）现有的认可机构、特许机构；

（2）EMAS 主管机构；

（3）其他任何合适的机构或组织。

认可机构、认证员特许机构负责建立、修订、更新环境认证员名单以及相应的工作领域（对应 NACE 编码），将环境认证员名单的变化情况应报给主管机构和 EMAS 工作委员会。

2.7 EMAS 法规和 ISO 14001：2004 的主要区别

EMAS 与 ISO 14001：2004 的主要区别见表 2-4。

表 2-4 EMAS 与 ISO 14001：2004 的主要区别

主要区别	EMAS：2009	ISO 14001：2004
环境方针	组织承诺持续改进环境绩效	对环境绩效的改进没有具体规定，注重环境管理体系本身的改善
环境初审	必须做，而且需要审查	推荐（附录），非必须
环境因素	必须在环境初审中确定出直接环境因素和间接环境因素，针对这些环境因素，在管理和审核过程中必须采取相应的措施，还应设定评估重大环境因素的标准	只有一个步骤，用来帮助设定环境因素
核心指标	EMAS 环境声明中使用核心指标，用以体现主要环境影响方面的环境绩效	无
合规要求	EMAS 要求组织应了解应遵守的环境法规有哪些，相应的要求分别是什么，提供环境合规证明，如果在工作程序上确保达到环境法规的所有相关要求，组织应进行合规审核	要求组织承诺要合规，不需要提供合规证明，也不要求进行合规审核
环境信息公开	必须以环境声明的方式公开，内容包括环境方针、环境规划、环境管理体系、具体的环境绩效	非强制要求，只要求公众可以获取

续表

主要区别	EMAS：2009	ISO 14001：2004
持续改进	有严格的要求，必须逐渐提高环境绩效；环境认证员应对已组织的环境绩效持续改善情况予以验证	定期改善（侧重改善环境管理体系，没有改善强调环境绩效），没有具体的时间周期要求
管理评审	评审范围要求比较广，包括对组织环境绩效进行评审	要求在管理中评审环境绩效，但不是绩效评审的方式
员工参与度	参与员工的范围广，分工明确	主要工作集中在内部体系小组，没有特别要求全员参与
内部环境审核	包括对环境管理体系的审核、对环境绩效的审核（即环境绩效评估）、环境合规评估（即确定是否合规）	审核是否符合 ISO 14001 标准本身的要求
审核员	要求是独立的审核员	建议是独立的审核员
注册	必须在主管机构注册	无
标识	注册 EMAS 后可以使用标识，用于营销和推广	已注册组织不可以使用 ISO 14001 标识
法律性质	欧盟法令，自动在各成员国生效，自愿性质	国际标准，非官方法规，被许多大企业视为采购合同要求
国家监控	有，检查和认可	无
政府部门认可	有	无
审核频次	至少 3 年进行一次完整的审核，每年更新环境声明，对小型组织有相应的简化	无
证书	注册证书	参与证明、参与者登记
注册结果	环境管理体系、环境绩效	环境管理体系
注册最小单位	场所	组织

从目前发布的 ISO 14001：2015 国际标准最终草案（FDIS 版）来看，环境绩效、环境风险管理、各种管理体系整合、数据信息证据保管方面较为接近 EMAS 法规相关要求。其具体变化为

（1）增加了环保合规文件记录要求；

（2）增加了策划总则，提出了识别"重要环境因素"的要求；

（3）从注重环境体系本身、强制要求文件本身转向关注环境绩效；

（4）在策划过程中，考虑一个组织面临的风险，识别这些风险对环境的影响；

（5）在术语中，用"文件化信息"代替了"文件和记录"。

由此看来，ISO 14001 与 EMAS 的区别正在缩小，从这个角度来看，EMAS 的公信力、优势、实效性得到了国际上的认可。

3 如何建立与实施 EMAS

3.1 实施 EMAS 的主要步骤

总体上，实施并完成 EMAS 注册的过程可以划分为以下 6 步（图 3-1），其中第一步至第四步是如何在组织内部实施 EMAS，第五步和第六步是关于 EMAS 注册。

（1）环境初审，对组织的所有活动进行初步分析，识别出直接环境因素和间接环境因素，以及应遵守的环保法律法规、环境标准；

（2）建立一个有效的环境管理体系，这和 ISO 14001 环境管理体系是一致的；

（3）组织内部对环境管理体系进行审核，然后由管理层对环境管理体系进行检查；

（4）组织编写 EMAS 环境声明；

（5）具备资质的环境认证员对组织的环境初审、环境管理体系、环境声明进行审核、检验，然后对满足 EMAS 要求的组织出具关于 EMAS 认证与校验的声明；

（6）组织获得环境认证员的认证与校验后，向 EMAS 注册主管机构提交注册申请。

实施并完成 EMAS 注册平均需要 10 个月的时间，实际所需时间与组织规模、注册主管机构所在国家等因素有关，表 3-1 是一个平均时间周期过程，可以参照。表 3-1 最后两个活动为 EMAS 注册，其余活动为注册之前在组织内部的实施活动，其中关于 EMAS 注册的内容在下一章中进行详细介绍。

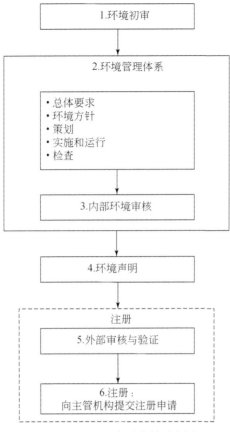

图 3-1　EMAS 主要步骤示意图

表 3-1　EMAS 时间周期

EMAS 实施活动内容	月份									
	1	2	3	4	5	6	7	8	9	10
环境初审（或环境评估）	×	×								
环境管理体系		×	×	×	×	×	×			
总体要求		×								
环境方针		×								
策划：环境目标和指标		×								
策划：环境规划（即行动计划）			×	×	×					

续表

EMAS 实施活动内容	月份									
	1	2	3	4	5	6	7	8	9	10
实施和运行：资源、分工、权限					×					
实施和运行：员工能力、培训、意识、参与					×					
实施和运行：沟通（包括内部和外部）						×				
实施和运行：建立和管控文档		×	×	×	×	×				
实施和运行：运行控制						×	×			
实施和运行：应急响应计划							×			
检查：监测、测量、合规评估、改正不合规项、对记录进行管控						×	×	×		
检查：内部审核								×	×	
管理层审查（也称为"管理评审"）									×	
EMAS 环境声明（或环境绩效报告）										×
外部认证和检验										×
注册										×

3.2 环境初审

EMAS 的第一步是环境初审，对组织内部组织机构和各种活动进行全面、系统、详细的分析，识别环境因素。环境因素是建立环境管理体系的基础，如下图 3-2 所示，环境因素与环境影响相关联。

图 3-2 活动–环境因素–环境影响之间的关系

环境初审的内容应包括以下 5 个方面：

（1）组织应遵守的环保法律法规、环境标准；

（2）识别直接环境因素和间接环境因素；

（3）评估重要环境因素的标准；

（4）检查所有已采取的环境行动和工作程序；

（5）如果曾经发生或突发环境事件，对处理情况和后续改进情况进行评估。

3.2.1 识别环境因素

环境因素是指与环境互相作用的要素，通常是行为和活动的形式，如废水排放、废气排放。环境因素和环境影响会随着组织活动的变化而改变。组织与利益相关方的沟通需要环境因素信息。

可以根据现场走访和资料调研，确定出直接环境因素和间接环境因素，并评定环境因素的重要性（优先级）。

3.2.1.1 识别环境因素的方式

可以通过以下途径收集所有与环境因素相关的信息：

（1）组织现场走访，查看所有输入和输出，并进行记录；

（2）地理位置和相关图片；

（3）收集组织排污许可证、总量控制文件；

（4）收集原辅材料和能源使用量、产量；

（5）确定出相关人员，包括管理人员和岗位操作人员；

（6）对于那些可能会对组织环境绩效产生一定影响的分包商，也应提供与其环境影响相关的信息；

（7）对于过去曾经发生过的环境事件，收集整改、监测、检查结果；

（8）开停车及其环境影响。

3.2.1.2 直接环境因素和间接环境因素

环境因素分为直接环境因素和间接环境。

直接环境因素（Direct Environmental Aspect）：组织具有直接管理控制权的活动、产品和服务相关的环境因素。

间接环境因素（Indirect Environmental Aspect）：组织与第三方之间的互动所产生的环境因素，且该组织对此环境因素具有一定的影响。

环境因素举例见表3-2。

表3-2 环境因素示例

直接环境因素示例	间接环境因素示例
废气排放	与产品生命周期有关的排放
废水排放	投资
固废排放	保险
噪声、振动、臭气排放	管理和规划
原辅材料消耗	供应商、分包商相关的环境绩效
土地使用	服务内容与选择，例如交通
交通引起的废气排放	
突发环境事件风险或紧急情况	

3.2.2 评估环境因素

将识别出来的环境因素与环境影响对应起来进行分析，如表3-3所示。

表3-3 环境因素与环境影响示例

活动	环境因素	环境影响
化工制造	废水排放	水污染
	有机废气排放	光化学烟雾
	对臭氧层有破坏作用的废气排放	臭氧层破坏
办公	使用纸张、油墨等材料	垃圾污染
	电力使用（间接排放 CO_2）	温室效应
交通	发动机使用汽油或柴油	土壤、水、大气污染
	货运车辆碳排放	温室效应

按照 EMAS 法规附件一环境初审，从以下方面评估环境因素的重要性：

（1）环境危害及其可能性；

（2）所在地、本区域或全球的环境脆弱性；

（3）环境因素和环境影响的规模、数量、频次和可逆性；

（4）现有环境法规的要求；

（5）对利益相关方和雇员的重要性。

评估环境因素的因素应尽可能量化。上述工作完成后，可以将结果以表格的形式进行汇总，例如表 3-4 和表 3-5。

表 3-4　直接环境因素汇总表示例

序号	环境因素	产生车间或部门	产生工序	环境影响[1]	状态[2]	合规要求	重要性[3]	评定重要性的依据
1	××	××	××	××	××	××	××	××
2	××	××	××	××	××	××	××	××
3	××	××	××	××	××	××	××	××
⋮	⋮	⋮	⋮	⋮	⋮	⋮	⋮	⋮

注：1. 环境影响包括自然资源利用、土地利用、对大气、水、地下水、土壤质量和人体健康的影响

2. 状态分为正常、异常、紧急 3 种状态。①正常，是指常规的、或连续的；②异常，是指阶段的、周期的，是提前计划的，可预计的，例如有计划的开停车、设备检修；③紧急，是指突发的，不是提前计划的，影响结果是不完全确定的，如跳闸停车。

3. 重要性按照环境影响程度、数量、浓度等划分为 1～3 级别，其中 1 级为最重要，2 级为中等，3 级为一般。也可以根据组织实际情况划分更多等级，在表格下面予以具体说明即可。

表 3-5　关键环境因素汇总示例

序号	关键环境因素	主要环境影响	采取的措施
1	××	××	××
2	××	××	××
3	××	××	××
⋮	⋮	⋮	⋮

3.2.3　评估组织的环保合规情况

根据组织所在行业、所属区域，列出组织应遵守的环保法规和环保标准，然后对照里面的要求逐项查验组织的合规性。

环保法律法规、环保标准通常会在实施一段时期后进行更新，所以组织应定期更新所适用的环保法律法规，确保环保合规。

在中国，环保法律法规分为两大类：国家环保法律法规和本地区环保法规。

以下为中国环保法律法规，可供参考，根据具体的组织而确定所适用的法规及其限值：

（1）《环境保护法》（2014 年 4 月 24 日修订，2015 年 1 月 1 日施行）；

（2）《大气污染防治法》（2015 修订草案）；

（3）《水污染防治法》（2013 年 6 月 29 日修订和施行）；

（4）《固体废物污染环境防治法》（2004 年 12 月 29 日发布，2005 年 4 月 1 日起施行）；

（5）《环境噪声污染防治法》（1996 年 10 月 29 日发布，1997 年 3 月 1 日起施行）；

（6）《清洁生产促进法》（2002 年 7 月 1 日发布，2003 年 1 月 1 日起施行）；

（7）《循环经济促进法》（2008 年 8 月 29 日发布，2009 年 1 月 1 日起施行）；

（8）《环境影响评价法》（2002 年 10 月 28 日发布，2003 年 9 月 1 日起施行）；

（9）《节约能源法》（2007 年 10 月 28 日发布，2008 年 4 月 1 日起施行）；

（10）《建设项目环境保护管理条例》（国务院令第 253 号，1998 年 11 月 29 日发布，1998 年 11 月 29 日起施行）；

（11）《危险化学品安全管理条例》（2011 年 2 月 16 日发布，2011 年 12 月 1 日起施行）；

（12）《建设项目竣工环境保护验收管理办法》（国家环境保护总局令第 13 号，2001 年 12 月 27 日发布，2002 年 2 月 1 日起施行）；

（13）《关于深入推进重点组织清洁生产的通知》（环发〔2010〕54 号，2010 年 4 月 22 日发布）。

环保标准包括地方标准、行业标准、国家标准。其中地方标准和行业标准的要求比国家标准严格，组织应按最严格的标准执行。对于一个组织，如果既有国家标准，又有地方标准，则应遵守地方标准；同样的，如果既有行业标准，又有国家标准，则应执行行业标准。

环保标准又分为环境质量标准和污染物排放标准两大类型。其中环境质量标准是国家或地方环保部门对区域环境质量划定的等级，污染物排放标准是针对污染物排放浓度和速率制定的排放限值。组织应执行的污染物排放标准与组织所在区域的环境质量标准相关。

3.3　环境管理体系

按照 EMAS 法规的定义，环境管理体系（Environmental Management System）是管理体系的组成部分，包括组织结构、工作内容和计划、职责分工、实际行动、工作步骤、工作流程，以及相应的资源，从而制订、实现、初审和维护环境方针，管理环境因素。

3.3.1　总体要求

组织应确定环境管理的范围，并记录存档。如果组织已经有 ISO 14001 之外的环境管理体系，而且此环境管理体系属于欧盟认可的、与 EMAS 同等的环境管理体系，则无需进行重复工作。在 EMAS 中，环境管理体系的建立、存档、实施、维护与 ISO 14001 的第 4 部分（环境管理体系要求）相同，本书在以下各节中进行详细介绍。

3.3.2　环境方针

环境方针（Environmental Policy）：与环境绩效相关的总体计划和方向，由一个组织的最高管理层正式发布。环境方针确定了环境目标、指标和行动的框架，必须包括以下 3 点：

（1）承诺环境因素全部合规；

（2）承诺污染预防；

（3）承诺持续提高环境绩效。

环境方针作为战略性环境目标和环境指标的框架，应当表达清晰，明确优先级，作为设定环境目标和环境指标的依据。

3.3.3　策划

3.3.3.1　环境目标和环境指标

环境目标是希望实现的结果，不是指措施。如图 3-3 所示，明确的环境目标是设定环境指标的基础，然后根据环境指标，研制相应的行动计划，从而实现良好的环境管理。

图 3-3　环境目标与环境指标之间的关系

例如：

环境目标是：实现危险废物产生量的最小化。

环境指标是：在三年内，有机溶剂使用量降低 20%。

行动计划是：尽可能循环使用溶剂。

环境目标和环境指标都应尽可能量化，与组织的环境方针保持一致。制定环境目标和环境指标可以使用"SMART"原则：

S（Specific）——具体的：具体明确，每个指标对应一件事；

M（Measureable）——量化的：每个指标都有具体数量；

A（Achievable）——可实现：指标应当是可以实现的，避免过高或过低；

R（Realistic）——现实可行：目标应当带动持续的提升，避免过高而难以实现，一旦达到则应制定新的指标；

T（Time-bound）——时限性：每个指标应当对完成时间有具体的要求。

在环境声明中，环境指标通常以核心指标来表示。核心指标分为输入和输出两类。其中输入包括水、能源、原辅材料；输出可以分为 6 类，即水污染物、大气污染物、温室气体、固体废物、噪声、生物多样性。

在环境目标和指标中可以参考各种环境管理最佳实践、行业参考文件、环境标准等，例如《陶瓷行业最佳可用技术（BAT）》（欧盟 2007 年 8 月发布）提供了日用陶瓷和工艺陶瓷的生产流程（图 3-4），以及物耗、能耗、

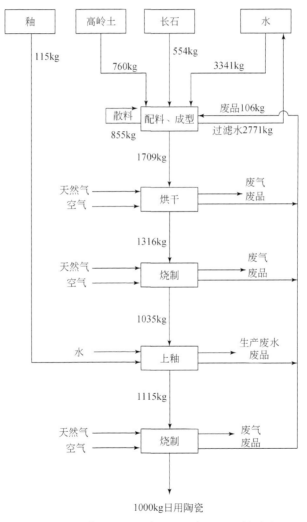

图 3-4　日用陶瓷和工艺陶瓷的生产流程（物质流）

污染物排放水平数据（表3-6~表3-9）。

表3-6 日用陶瓷烧制废气排放 （单位：mg/m³）

废气中的污染物	烧制（上釉前）	烧制（上釉后）
粉尘	0.3~6.0	0.3~6.0
氮氧化物（以 NO₂ 计）	13~110	20~150
氟化物（以 HF 计）	1~35	0.3~23
有机物（以总 C 计）	<40 （等静压为100以下）	3~18

表3-7 工艺陶瓷烧制废气重金属浓度

重金属名称	浓度（mg/m³）
铅	0.002~2.750
镉	0.003~0.070
钴	0.054~0.260
镍	0.060~0.400

表3-8 工艺陶瓷生产废水处理前后数据对比

参数（或污染物）	单位	处理前	反渗透膜处理后
pH		7.5	6.5
导电率	μS/cm	750	8
硬度	dH	12.0	<0.5
135℃蒸发后的残留物质	mg/L	1500	60
氯	mg/L	150	<5
硫酸盐	mg/L	100	<10
磷酸盐	mg/L	80.0	0.4
硅酸	mg/L	200	<0.1
钙	mg/L	70	0.3
镁	mg/L	9	<0.1
硼	mg/L	2.0	<0.1
锌	μg/L	4500	<100
铅	μg/L	250 000	<10

参数（或污染物）	单位	处理前	反渗透膜处理后
镉	μg/L	60	<1
铬、铜、镍、钴	μg/L	<0.05	<0.05
卤化物（AOX）	mg/L	0.001	<0.001
化学需氧量（COD）	mg/L	30	<15

表 3-9　工艺陶瓷热耗和电耗

	单位	数值
电耗	MJ/kg 产品	4.5
热耗	MJ/kg 产品	70

案例一：某厂锅炉房环境管理目标指标（表 3-10）。

表 3-10　某厂锅炉房环境管理目标指标

环境政策承诺	减少废气向空中排放，保护环境
环境评审结论	氮氧化物超标
重要环境因素	氮氧化物持续超标排放
法律、法规及其他要求	当地限定××××年前必须达标排放，否则组织停产
优先项评定	属高度优先项
目标	按地方法规限期达标
指标	每年减少氮氧化物排放量（公斤/产量或 m³），在××××年年底前达到排放标准

案例二：某造纸厂环境管理目标指标（表 3-11）。

表 3-11　某造纸厂环境管理目标指标

环境政策承诺	减少废水有害物排放，消除对水体的严重影响
环境评审结论	造纸黑液已严重污染环境
重要环境因素	黑液未回收，超标排放
优先项评定	高度优先项
目标	两年内基本杜绝黑液对外排放
指标	第一年建成碱回收装置试运行，减少黑液排放80％，第二年黑液排放减少18％

案例三：某电视机生产公司环境管理目标指标（表3-12）。

表3-12　某电视机生产公司环境管理目标指标

环境政策承诺	持续降低产品能源消耗，产品打入国际市场
环境评审结论	电视机待机功率参数远低于国内先进水平和国际先进水平
重要环境因素	电视机待机功率高
优先项评定	产品的能源消耗水平，已威胁到组织生存，高度优先项
目标	两年内待机功率降低至美国水平，打开美国市场
指标	第一年，电视机待机功率由目前的14W降至7W；第二年年底，电视机待机功率由7W再降至2W

案例四：某建筑公司环境管理目标指标（表3-13）。

表3-13　某建筑公司环境管理目标指标

环境政策承诺	噪声达标排放，最大限度减少对社区影响
环境评审结论	设备陈旧落后，噪声超标较严重，社区抱怨及投诉时有发生
重要环境因素	噪声超标排放
优先项评定	因噪声超标夜间施工时影响居民休息，已投诉、赔款、罚款，高度优先项
目标	一年内，噪声达标率达100%，消除投诉、赔款
指标	6月底前，噪声达标率达到98%，年底前全部达标做到无投诉、赔款

3.3.3.2　行动计划

行动计划是为了实现环境目标和指标、承担环境责任而采取的措施，包括方式方法、时间计划。行动计划是对组织管理有益的工具，通过日常工作逐渐实施，实现环境指标，在制定过程中充分考虑直接环境因素和间接环境因素。在行动计划中，包括详细的时间计划、所需资源、人员分工与职责，因此需要根据实际情况不断更新。

行动计划通常为表格形式，内容包括以下方面：

（1）环境目标，直接环境因素和间接环境因素；

（2）实现环境目标的具体指标；

（3）每个指标对应的行动、职责、方式、时间安排，包括行动内容介绍、指标负责人、实施进展情况、方式和手段、对指标实现进展的检查频次、最终结果和完成时间、必要的过程记录。

3.3.4 实施与运行

3.3.4.1 资源、分工和权限

在组织内成功实施 EMAS 需要组织最高管理层的支持，提供必要的资源，在组织结构上予以体现，包括人力资源、员工的专业技能、技术、资金。最高管理层的作用是保障环境管理体系的有效运转和更新。最高管理层可以指定一名员工作为管理者代表，对环境管理体系负责。管理者代表应当具有一定的领导能力、协调能力，具备一定的环境事务管理能力和经验，具有团队工作技能，熟悉环保合规要求。

为了实现良好的环境管理绩效，组织应当要求员工具备相应的知识和经验。环境管理所涉及的员工应当了解以下内容：

（1）组织的环境方针；

（2）环保合规要求；

（3）组织总体的环境目标和指标，与本职工作相关的环境目标和指标；

（4）环境因素、环境影响及其监测方法；

（5）在环境管理体系内的职责与角色。

为了让组织的每个人都明白自己在环境管理中的角色和环境管理的益处，具有一定的环境意识，组织应开展这方面的培训。环境管理体系培训流程见图 3-5。

员工可以在以下方面不同程度地参与制定和实施环境管理体系：

（1）识别环境因素；

（2）绘制和修订工艺流程图，编制工作程序说明；

（3）制定环境目标和指标；

（4）内部审核；

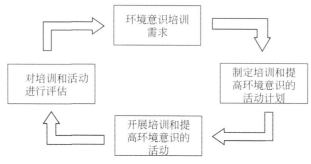

图 3-5　环境管理体系培训流程图

（5）编制 EMAS 环境声明。

3.3.4.2　沟通

成功实施 EMAS 需要在组织内部和外部都有良好的沟通，组织需要认识到这些沟通的价值，知道沟通的对象和内容，应掌握沟通的结果和有效性。

内部沟通需要结合自上而下和自下而上两种方式，可以使用内部通信工具、建议箱、简报等多种途径。

外部沟通可以是 EMAS 环境声明、网页、主题活动日、新闻稿、宣传册等多种形式。

3.3.4.3　建立和管控文档

应把以下 8 个方面的内容建立文档并进行保管：

（1）环境方针；

（2）环境目标和指标；

（3）环境管理体系范围；

（4）环境管理体系的要素；

（5）人员分工和权限；

（6）管理和控制的程序；

（7）运行程序；

（8）对工作内容的说明。

组织应编制环境管理手册，内容包括环境方针、策略、行动，与组织年度工作计划相结合。环境管理手册是为了让员工了解本组织的环境管理体系是如何建立和运行的，各部分之间的关系，每个人在其中的角色和作用。编制环境管理手册不属于强制要求，但很多组织都已编制。

工作程序是描述谁在什么时间做什么。对工作内容的描述应具体、容易理解，描述具体活动、与之相关的环境风险、所需培训、如何监管，可用图表的形式，以便于理解。

环境管理体系中的文档管理流程见图 3-6。

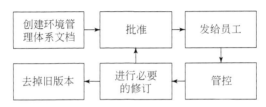

图 3-6　环境管理体系中的文档管理流程

3.3.4.4　运行控制

如图 3-7 所示，根据环境方针、目标和指标，识别和策划与重要环境因素有关的运行，也包括设备维护、开停车、工程承包商、供应商提供的服务等活动，通过工作程序让相关人员了解相应的环境风险、环境指标和环境绩效（最好以指标的形式）。在工作程序中明确描述正常状态、异常状态和紧急状态。运行控制需要经过内部审核。

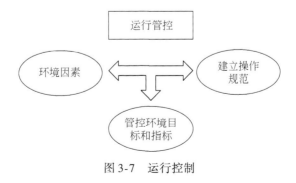

图 3-7　运行控制

3.3.4.5 应急响应计划

识别组织可能的突发事件，制定和实施相应的工作程序，以避免事故风险，如果有突发事件将如何响应，预防和减轻对环境的不利影响。组织应定期检查应急响应物质准备情况，进行适当的培训，并检查工作程序。应急响应策划过程示意图见图3-8。

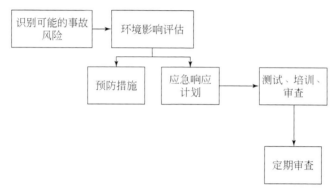

图 3-8 应急响应策划

3.3.5 检查

3.3.5.1 监测和测量

制定工作程序，对组织重要参数进行监测、测量，如废气排放、废水排放，及时发现问题，为报告核心绩效指标奠定基础。这些信息有利于：

（1）环保合规；

（2）准确评估环境绩效；

（3）环境声明（或环境绩效报告）的完整、透明。

另外，要考虑环保法规对组织环境监测的要求，包括监测频次、因子、方法等。根据具体的组织，还可能需要监测、测量：

（1）重要环境因素；

（2）环境方针和环境目标；

（3）员工的环境意识。

对于组织自有的监测设备，需要定期校验，以保持数据的准确性。

3.3.5.2 合规评估

对于中小型组织，可以用表 3-14 的形式进行快速评估，对于大型组织，可能需要外部专业机构予以帮助。

表 3-14　关键环境因素汇总示例

环保法规	具体要求	企业现状	企业合规情况
水污染防治法（修订草案）	直接或者间接向水体排放工业废水和医疗污水以及含重金属、放射性物质、病原体等有毒有害物质的其他废水和污水的企业事业单位、个体工商户，应当取得排污许可证	排污许可证已过有效期	办理新的排污许可证
大气污染防治法（修订草案）	排放大气污染物的企业事业单位应当建立环境保护责任制度，明确单位负责人和相关人员的责任	建立了环境管理体系，人员职责明确	合规

3.3.5.3 不合规项、改正和预防措施

组织应建立、实施并保持一个或多个程序，用来处理现有或潜在不符合 EMAS 的内容。不符合项是指程序或技术指令中任何不满足基本要求的地方。

程序中应包括以下几个方面的要求：

（1）识别和纠正不符合项；

（2）对不符合进行调查和原因分析；

（3）评价是否有必要采取措施以避免此不符合再次出现；

（4）记录采取纠正措施的实施结果；

（5）评价是否有必要采取措施以预防出现不符合；

（6）采取适当的预防措施；

（7）评审所采取的纠正措施和预防措施的有效性。

不合规项可能是人为错误，也可能是实施中的错误，应尽早纠正，并避免再次发生。可能在运行控制、内部或外部审核、管理评审或日常工作过程中发现不合规项。

不合规项应及时报告给管理者代表，以决定采取改正措施。改正措施和预防措施都需要记录下来。如果有必要，对环境管理体系文档进行修订。

3.3.5.4 对记录进行管控

组织应根据需要，建立并保持必要的、清晰记录。例如：
（1）原材料、水、能源使用量；
（2）废水产生量；
（3）废气排放量；
（4）温室气体排放量；
（5）投诉、罚款、突发环境事件；
（6）重要环境因素；
（7）不符合项，改正和预防措施；
（8）沟通和培训；
（9）员工建议。

3.4 内部环境审核与管理评审

3.4.1 内部环境审核

通过内部环境审核可以确定环境管理体系是否能够满足环保要求、是否运行良好、是否保持得较好，让管理层得到评审本组织环境绩效所需的信息。内部环境审核应具有独立性，可以是内部人员来做，也可以请外部咨询员。内部审核步骤见图3-9。

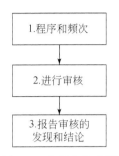

图 3-9　内部审核步骤

审核范围应明确具体，根据组织类型和规模，确定出需要审核的区域和活动、环境标准和时段，以及审核时间频次。通常每年内部审核一次，以了解组织的重大环境因素，小型组织可以延长内部审核时间间隔。为了让内部审核达到很好的效果，应当让员工了解内部审核的目的和每个人的作用。

3.4.2　管理评审

管理层应定期评审本组织的环境管理体系，至少每年审查一次，以确保其有效性，能够实现目标。评审内容包括：

（1）输入：

- 内部审核结果，包括合规性评估；
- 外部沟通；
- 投诉；
- 环境目标和指标的实现情况；
- 改正和预防措施的实施情况；
- 上次管理评审的跟进情况；
- 环境条件的变化，例如法规更新、周围环境变化；
- 改进建议。

（2）输出：所有决定和行动，环境方针、目标、指标等环境管理体系中因素的变化。

3.5 EMAS 环境声明

环境声明系统全面地展示一个组织，主要描述组织的：①组织结构、主要活动；②环境方针和环境管理体系；③环境因素及其影响；④环境行动计划；⑤环境绩效与环境合规情况。环境声明是 EMAS 有别于其他环境管理体系的要素之一。对于公众，可以透过环境声明了解一个组织在环境保护方面的行动承诺。对于组织本身，环境声明是对外展示其环境行动的好机会。

3.5.1 环境声明应包括的内容

根据 EMAS 条例附件四，环境声明的内容及要求包括：

（1）清晰明确描述组织概况，简要介绍活动、产品与服务，与上级组织之间的关系（视具体情况而定）；

（2）环境方针，简要说明环境管理体系；

（3）描述可能会造成显著环境影响的所有重大直接环境因素和间接环境因素，说明这些因素的影响性质；

（4）描述与重大环境因素和环境影响相关的环境目标和指标；

（5）环境目标和指标实现情况，用数据摘要的形式表述环境绩效；

（6）环境绩效的其他相关因素，显著环境影响的合规情况；

（7）引用适用的环境法规；

（8）环境认证员的名称、资格认证或许可证编号和验证日期。

组织可以自行决定环境声明的结构和内容，但应保证内容清晰、可信、可靠、正确。是否将环境声明纳入其年度环境保护和社会责任报告，则由组织自由决定。

3.5.2 核心指标

核心指标应适用于各种类型的组织，内容包括以下 6 个类型：

（1）能源效率；

（2）材料利用率；

（3）水；

（4）废弃物；

（5）生物多样性；

（6）排放（污染物和温室气体等）。

如果有些核心指标与组织的重大直接环境因素无关，可以参照环境初审，在环境声明中不包括那些核心指标，但应写明相关理由。

3.5.3 环境声明案例

所以已注册组织的环境声明均可以在欧盟 EMAS 网站浏览，网址为 ec. europa. eu/environment/emas/es_ library/library_ en. htm。

环境声明数据库涵盖的行业类别共有 62 个，行业分布情况见表 3-15。

表 3-15 已注册组织环境声明所属行业

编号	NACE 编码	行业名称	编号	NACE 编码	行业名称
01	01	农作物、畜牧生产、狩猎和相关服务活动	21	17	纸浆和造纸
			22	18	印刷
02	02	林业、伐木及相关服务业	23	19	炼焦、提炼成品油与核原料
08	08	其他采矿业			
10	07	采矿业	24	20	化工
11	06	原油、天然气开采	25	22	橡胶制品
13	07	金属矿开采	26	23	其他非金属矿物制品
14	08	其他采矿业	27	24	基本金属、金属制品
15	10、11、12	食品、饮料、烟草制造	28	25	金属制品，不含机械设备制造
18	13	纺织			
19	14	服装、皮草	29	28	机械设备制造
20	16	木制品加工	30	27、26	电气和光学设备

编号	NACE 编码	行业名称	编号	NACE 编码	行业名称
31	26、27	机电设备	62	51	航空运输
32	28	广播、电视和通信设备	63	52	辅助交通
33	26	医疗、精密光学仪器、手表和钟表	64	53	邮电
			65	64.1	金融中介
34	29	汽车、拖车	66	65	保险和养老基金
35	30	其他运输设备	67	66	辅助金融中介
36	31、32	家具及其他	70	68	房地产
37	38	回收	71	77	机器设备租赁
38	38	废物收集、处理和处置，资源再生	72	62、63	计算机和相关活动
			73	72	研究和开发
40	35	电力、天然气和热水供应	74	82	其他商业活动
41	36	收集、净化和输配水	75	84	公共管理和国防
43	43	特种建筑	80	85	教育
45	41	建筑	81	81	建筑和景观服务
46	46	批发贸易，除汽车和摩托车	84	84	公共管理和国防，强制社会保障
47	47	零售贸易，除汽车和摩托车	85	86、87、88	健康和社会工作
			86	86	人类健康活动
50	45	机动车销售、保养和维修	90	37	污水和废物处理
51	45、46	批发贸易	91	94	会员活动
52	45、47	零售	92	93	娱乐、文化和体育活动
55	55、56	酒店和餐馆	93	96	其他服务活动
60	49	陆地运输	99	99	境外组织和机构
61	50	水运			

3.6　实施 EMAS 需要哪些费用

与 EMAS 费用相关的主要因素包括：组织的规模（微型、小型、中型、大型）、组织的类型（公共机构、私营领域）、在哪个地区注册。EMAS 费用可以分为三类：固定费用、外部费用、内部成本。

（1）固定费用包括审查和验证费、注册费和 EMAS 标识附加费。

● 审查和验证费：环境认证员都是咨询员，其咨询服务按照市场价格进行收费。中小型组织没有复杂的环境影响，完成审查和验证的工作量可能只有一天或几天。

● 注册费：每个地区对收取的注册费从零到 1500 欧元不等，EMAS 法规第 36 条特别提出要减免小型组织的注册费，以提高小型组织的参与度。一些欧盟成员国已经落实了这一条。具体注册费需要咨询受理注册的国家或地区的主管机构。

● EMAS 标识附加费：在一些特定材料和宣传材料中使用 EMAS 标识。

（2）外部费用是在实施 EMAS 和编制报告中聘请外部专家的费用，即咨询费，通常是在环境初审、审核、培训、实施过程中需要外部咨询员的咨询服务。

（3）内部成本是组织在实施、行政管理和报告过程中生产的内部费用，成本项包括：

● 环境初审；

● 制定环境管理体系；

● 内部审核；

● 编制环境声明；

● 员工内部培训；

● 添加 EMAS 标识；

● 修改 IT 系统；

● 发布环境声明；

● 与行政管理相关的其他费用。

通常内部成本中非常重要的一部分是实施改进措施所需的内部资源，根据组织规模、场所的数量，可能需要若干人员、若干时间的投入，从一两个人、每个月几天时间（例如小型服务业），到每年几个人全职时间（例如有许多场所的大型企业）。之后每年的费用通常约为第一年的一半，因为在第一年需要学习 EMAS 的要求、建立必要的管理和行政系统，而且通常需要外部专家的咨询服务。

　　EMAS 一旦建立，后续的维护需要的投入很少，因为不再需要首次注册过程中的许多活动，如环境初审、建立环境管理体系、职责划分等。外部咨询费用也会降低到第一年的 1/3 左右。

4 EMAS 外部审核与注册

4.1 验证和审查

验证（Verification）是由环境认证员进行合规评估，证实一个组织的环境初审、环境方针、环境管理体系和内部环境审核过程是否满足本法规的要求。

审查（Validation）是环境认证员验证一个组织的环境声明和更新的环境声明的可靠性、可信度、正确性，以及是否符合本法规要求。

在开始验证和审查工作之前，组织应与环境认证员确认其是否已经提前4个星期将相关资质信息、工作地点和时间等提交给了认证机构或环境认证员特许机构。

只有经过许可和认证的环境认证员才有资格进行 EMAS 验证和审查。环境认证员的工作领域对应了欧盟 NACE 编码，因此组织在查找环境认证员时，应注意环境认证员的 EMAS 许可领域是否涵盖了组织所在行业。环境认证员名单信息位于欧盟成员国 EMAS 主管机构或 EMAS 认可机构，如果需要查找本行业内其他国家的环境认证员，可以通过欧盟 EMAS 网站（ec. europa. eu/environment/emas/about/registration_ en. htm）查找。

如果组织所在行业已经有欧盟发布的"行业参考文件"（Sectoral Reference Documents，SRD），检查过程中应关注组织是否在环境绩效管理中采用了行业参考文件，以及如何采用的。

验证和审查的内容包括以下 5 个方面：

（1）环境初审、环境管理体系、环境审核及其结果、环境声明。

（2）合规情况，即是否遵守了欧盟、本国、本区域和地方环境法律法规要求。

（3）持续改进环境绩效。

（4）检查环境声明等所有相关环境信息中数据与信息的可靠性、公信力和正确性。

（5）现场走访，只有一个场所和若干场所的要求是不同的。EMAS法规第25条第4款要求每次验证和审查都需要现场走访。对于只有一个场所的组织，环境认证员每年去一次现场。对于符合EMAS法规第7条的小型组织，分别在注册后2年和4年各进行一次走访。对于有多个场所的组织，在EMAS注册前，环境认证员必须对每个现场走访一次；注册后，环境认证员每年应对其一个或多个场所进行现场走访，应确保在36个月内，每个现场至少走访过一次；如果在36个月内，有现场没有被环境认证员走访过，则视为不符合EMAS法规。

4.2 注 册 过 程

组织实施了EMAS，对实施过程进行了审核，环境声明也通过了审核，下一步就是找主管机构进行注册。EMAS注册过程示意图见图4-1。

4.2.1 注册主管机构

每个国家的注册机构设置不同，通常每个国家有一个主管机构，但也有国家有设置了若干区域级的主管机构。不同类型的组织对应不同的注册主管机构，详见表4-1。

欧盟各成员国主管机构、认可机构、环境认证员特许机构或环境认证员的详细联系信息可以在EMAS官方网站的主页查到。

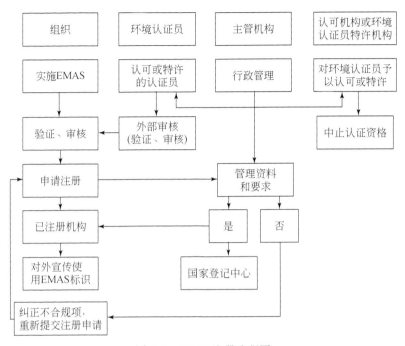

图 4-1　EMAS 注册流程图

表 4-1　各种情形下的注册主管机构

情况类型	注册主管机构
只有一个场所，且位于欧盟境内	所在成员国的主管机构
有若干场所，全部位于同一个欧盟成员国境内	所在成员国的主管机构
有若干场所，分别位于若干成员国境内	欧盟团体注册，根据总部或管理中心的地理位置来确定注册主管机构
有一个或多个场所，位于欧盟之外的第三国（第三国注册）	受理第三国注册的成员国，并且有足够的、符合要求的环境认证员。即环境认证员在该国获得许可，而且其工作领域（NACE 编码）涵盖了组织的经济领域
有若干场所，位于欧盟成员国和欧盟之外的第三国（全球注册）	按照以下优先顺序来确定受理全球注册的成员国主管机构： （1）如果组织总部所在欧盟成员国受理全球注册，则应选则这个国家的主管机构

情况类型	注册主管机构
有若干场所，位于欧盟成员国和欧盟之外的第三国（全球注册）	（2）如果组织总部所在欧盟成员国不受理全球注册，但组织管理中心所在欧盟成员国受理全球注册，则应选则管理中心所在国家的主管机构 （3）如果组织总部和管理中心所在国家均不受理全球注册，组织应在某一个受理第三注册的欧盟成员国设立"临时"管理中心，然后在那个国家的主管机构进行注册

4.2.2 文件资料要求

申请材料应使用注册受理国家的官方语言。申请材料包括：

（1）通过审核的环境声明（电子版或印刷版）；

（2）环境认证员的签字声明，应符合 EMAS 法规第 25 条第 9 款的规定；

（3）基本信息表（按照 EMAS 法规附件六填写），包括组织概况、位置和环境认证员；

（4）如果有申请费用的支付证据，则应提供。

4.2.3 注册应满足的条件

（1）按照 EMAS 要求进行了验证和审核；

（2）按照要求填写了所有申请表格，按顺序整理了所有相关资料；

（3）主管机构认可所有的证明材料，并且没有证据表明组织有违反环保法规的情况；

（4）组织没有被利益相关方投诉，或者曾经有投诉，但是已经解决；

（5）通过证明材料，主管机构认为组织符合 EMAS 法规要求；

（6）如果有申请费用的支付证据，则应提供。

4.2.4 注册中止与注销

如果发现以下情况，注册会被中止或注销：

（1）主管机构发现组织有不合规情况；

（2）主管机构收到认可机构或环境认证员特许机构发来的书面申请，证明环境认证员未能按照 EMAS 法规履行职责；

（3）组织未能在两个月的时间内向主管机构提交所要求的资料，包括：已审核的环境声明、更新的环境声明、环境认证员签字的审核声明（按照 EMAS 法规附件七的要求），申请信息（按照 EMAS 法规附件六的要求）；

（4）主管机构收到执法机构发来的关于组织不合规的书面证明。

主管机构收到组织合规相关证明材料，并且认为确实合规之后，组织就可以继续进行注册。EMAS 法规本身并没有明确规定中止注册的期限，通常由主管机构自行决定，一般不超过 12 个月。

4.3　实质性变化

一个组织在运作、组织机构、行政管理、生产过程、产品或服务发生变化时，应考虑其相关的环境影响，因为这可能会影响到 EMAS 注册的有效性。如果变化非常小，则可以忽略不计；但是如果属于实质性变化（Subsantial Changes），则需要对环境初审、环境方针、行动计划、环境管理体系、环境声明进行更新，并且在 6 个月内对所有更新的内容完成验证和审核。通过审核后，组织应根据 EMAS 附件六的要求，将所有与变更有相的材料提交给主管机构。

4.4　合规性证明

按照 EMAS 法规第 4 条第 4 款，组织应提供相应的证明材料，以表明符合了所有适用的环保法规的要求。EMAS 法规第 15 条要求主管机构负责在注册薄中止或注销组织的注册资格。

对于已注册组织，如果被发现有不符合 EMAS 法规的地方，就会受到相应的处罚，因为 EMAS 本身是一个法规，欧盟各成员国有责任及时采取法律或行政手段，解决那些不合规的情况，通常处罚结果就是在注册薄中止或注销组织的注册资格。

4.5　NACE 编码

NACE 编码是指欧盟经济活动统计分类编码，是欧盟对经济活动的标准分类。在 EMAS 中，NACE 编码用于对已注册组织的分类统计，以及对环境认证员的工作许可分类。主管机构在批准一个场所的注册时，应收集其 NACE 编码，与其他信息一并发到 EMAS 平台（EMAS Helpdesk），其中 EMAS 编码至少要到小数点后一位数。

NACE 编码欧盟网址：ec. europa. eu/competition/mergers/cases/index/nace_ all. html。

NACE 编码分为四级，第一级为英文字母，每个字母对应一个行业，目前共分为 21 个行业。第二至第四级是在字母后面分别加上 1 ~ 3 位数字，对经济活动再进行细分，数字编号基本保持连续。例如字母 A 代表"农业、林业、渔业"，在第二级分为 3 类，编码从 A1 到 A3，其中 A1 代表"农作物、畜牧生产、狩猎和相关服务活动"，A1 再向下分为 7 类，编码为 A1.1 ~ A1.7，A1.1 再向下分为 7 类，编码为 A1.1.1 ~ A1.1.6、A1.1.9。NACE 编码详见附录 2。

4.6　从其他环境管理体系转为 EMAS

4.6.1　从其他环境管理体系转为 EMAS 的必要性

目前有许多种非正规的环境管理体系，最初都是为一些具体行业、具体行动、具体领域而设计的。尽管它们都为提高环境绩效做出了非常有价值的贡献，但使用过那些环境管理体系的组织到最后都会发现同一个问题，就是那些环境管理体系都有其局限性，它们需要一个更加充满期待、更具雄心的环境管理体系。EMAS 代表了环境管理的最高要求，能够显著提高环境绩效，提升组织的公信力和透明度。特别是通过环境声明，加强了组织与利用相关方的交流互动，通过履行 EMAS 法规，既实现了环保合规，又实现了环境绩效的提升。

4.6.2 EMAS 认可非正式的环境管理体系吗?

根据 EMAS 法规第 45 条，现有的环境管理体系如果全部或部分内容符合 EMAS 法规要求，可以被认可为 EMAS 相应的同等内容。这对于注册 EMAS 的组织非常有利，因为能充分利用之前在其他环境管理体系中的工作。

4.6.3 从其他环境管理体系转为 EMAS

2009 年，欧盟委员会发布了一份报告，详细介绍了如何从一些非正式的环境管理体系和 ISO 14001 转为 EMAS，网址是：ec. europa. eu/environment/ emas/documents/StepUp_ 1. htm。

在这些环境管理体系中，国内使用数量最多的是 ISO 14001，因此本书着重介绍如何从 ISO 14001：2004 转为 EMAS。

对于已经获得 ISO 14001 证书的组织，注册 EMAS 需要增加以下 4 个步骤的内容：

（1）初始环境评估（Initial Environmental Review），EMAS 法规要求组织应在最初进行环境评估，识别环境因素。对于已经获得 ISO 14001：2004 证书的组织，如果已经识别了环境因素，而且符合 EMAS 法规附件一的要求，就不需要进行完全正式的初始环境评估。

（2）环境声明。组织应根据环境绩效审核结果编制环境声明，并检查是否符合 EMAS 法规附件四的要求，核实所有数据，并且表述恰当。环境声明需要对外发布，ISO 14001：2004 没有这项要求。

（3）验证环境声明和环境绩效。EMAS 注册需要对环境声明进行单独验证，以确保环境声明符合 EMAS 法规附件四要求，适合对外发布。

（4）承诺环保合规。这在 ISO 14001：2004 中是没有要求的。

在大部分欧盟国家，EMAS 比 ISO 14001 的认可度高，这两个体系可以互相支撑，EMAS 在有些方面的要求更严格。

从 ISO 14001 转到 EMAS 的工作流程示意图见图 4-2。

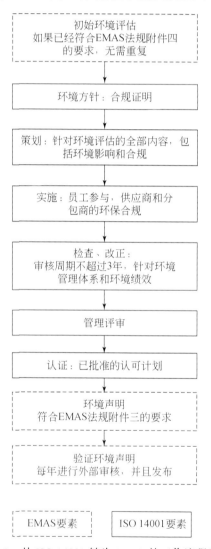

图 4-2　从 ISO 14001 转为 EMAS 的工作流程示意

5 EMAS 注册组织案例

5.1 舍弗勒中国公司太仓工厂 EMAS 实施经验

5.1.1 公司概况

舍弗勒集团是综合性汽车和工业产品供应商，主要产品为滚动轴承、关节轴承、滑动轴承、直线运动产品、离合器系统、变速箱系统和扭力减振器，用于汽车、工业和航空航天领域。舍弗勒集团在 50 个国家设有约 170 家分支机构，1995 年在中国投资生产，舍弗勒大中华区包括生产、销售、研发后市场和技术支持。目前，舍弗勒大中华区拥有员工约 1 万人，在安亭设有 1 个研发中心，在太仓、苏州、银川、南京设有 7 座工厂，在北京、上海、香港、台湾等全国各地设有 20 个销售办事处。舍弗勒在中国的 7 个工厂分别为舍弗勒（中国）有限公司（太仓 1 厂~4 厂），舍弗勒（宁夏）有限公司，舍弗勒摩擦产品（苏州）有限公司。

1995 年在江苏太仓成立依纳轴承（中国）有限公司，后成为舍弗勒（中国）有限公司。1997 年雷贝斯托摩擦品（苏州）有限公司成立，后并入舍弗勒，更名为舍弗勒摩擦产品（苏州）有限公司。1998 年太仓一厂投产，生产汽车发动机及变速箱零部件和滚针轴承。

5.1.2 舍弗勒集团的环境和安全方针

舍弗勒集团将环境保护和工作安全作为管理原则的一个基本组成部分，

旨在通过建立并维护一个安全的工作环境来促进员工的健康和工作表现，并采取积极措施，保护环境，从而确保公司的持续生存和成功。

环境和安全原则适用于其世界范围内的所有公司，体现对员工、社会和未来的责任。

1）有效的工作安全和环境管理

公司积极采用一个持续改进的、全球性工作安全和环境管理体系。公司提出具有前瞻性的理念，并与合同伙伴共同实施。公司对各个领域进行定期检查，以确定措施执行的程度，并对管理体系的成功进行监控。

2）安全的、宜于员工的工作环境

公司深信，所有的工伤事故及职业疾病都是可以避免的。对员工和管理人员的激励，有助于实现工作场所零事故的目标。在保护方面，公司自己的员工和承包商享有同等优先权。在设计工作中心和程序时，舍弗勒集团关注最新潮流和发展趋势，并特别注重人体工学设计。

3）可靠的行动

公司承诺遵守所有关于工作安全和环境保护的法律和规章。公司以负责任的态度遵守自己的规定，这些规定在很多情况下高于现行法律要求。公司配置、采购、经营、维护机器和设备的方式是尽量减少潜在危害、风险和操作干扰。公司的科技以最新的技术发展为基础。

4）对环境的最小影响以及环境友好型产品

无论实施任何行动，公司都提前采取适当措施，减少对环境的影响。公司有节制地消耗原材料和能源，努力减少废弃物、废水、噪声和其他排放。公司生产的环保型产品考虑到产品的整个生命周期。

5）负责任的员工

公司定期进行信息交流和培训，以确保员工和商业伙伴具备安全工作的专业技术和知识，并将对环境影响降至最低。

6）预防措施

公司采取综合性措施，使员工免受健康危害，使环境免遭污染。落实全面而有效的急救措施，确保在任何地点发生伤害时，员工和来访者都能获得妥善的处理。

7）坦诚沟通

公司与各利益团体开展深入、互信的对话。公司提供有关工作安全和环保措施，以及环境影响的信息。

公司管理层和所有员工都承诺遵守该政策。

5.1.3 EMAS 注册情况

舍弗勒集团由总部统一安排全球各基地的 EMAS 注册，注册费用由总部统一负责，各基地负责具体实施 EMAS。2005 年舍弗勒集团获得了欧盟委员会颁发的 EMAS 奖。舍弗勒集团现行的所有环境保护方针，环境保护证书以及环保声明都通过公司官网向公众开放（图 5-1）。

舍弗勒中国公司太仓工厂在建厂设计时即采用了 EMAS 的原则，在投产后通过了贯彻集团公司的环境方针，完成了 EMAS 注册，并定期发布环境声明。

5.1.4 实施 EMAS 遇到的最大挑战

在实施 EMAS 过程中，舍弗勒（中国）有限公司遇到的最大困难是：第一，数据收集，因为原辅材料种类繁多，而且在不同部门，需要协调若干部门汇总数据。第二，环境目标与环境指标的设定。

5.1.5 实施 EMAS 的收益

通过实施 EMAS，舍弗勒（中国）有限公司认为，最大的收益有以下三个方面：

（1）EMAS 环境声明要求有温室气体排放数据，因此每年计算温室气体排放量，如果有客户提出这方面要求，可以迅速满足其要求，有助于与客户保持良好的沟通。

Certificate of Registration

Schaeffler Group

with on following pages specified sites

Registration-No.: DE-158-00016

Date of first registration
17th July 1997

This certificate is valid until
31st January 2016

This organisation has established an environmental management system according to EU-Regulation Nr. 1221/2009 to promote the continual improvement of environmental performance, publishes an environmental statement, has the environmental management system verified and the environmental statement validated by a verifier, is registered under EMAS and therefore is entitled to use the EMAS-Logo.

Nuremberg, 30th October 2014

Markus M. Lötzsch
General Manager

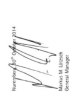
Nuremberg Chamber
of Commerce and Industry

page 1 from 5

Certificate of Registration

Attachment to the Certificate of Registration from 30th October 2014,
date of creation: 30th October 2014

Schaeffler Technologies GmbH & Co. KG (DE)

with the sites

- Industriestraße 2, 97483 Eltmann
- Industriestraße 9, 91710 Gunzenhausen
- Industriestraße 1-3, 91074 Herzogenaurach
- Industriestraße 1, 96114 Hirschaid
- INA-Straße 1, 91315 Höchstadt/Aisch
- Am Zunderbaum, 66414 Homburg
- Hasenäckerstraße 30, 66424 Homburg
- Berliner Straße 134, 66424 Homburg
- Ettinger Straße 2/6, 85057 Ingolstadt
- Dr. Georg-Schaeffler-Straße 1, 77933 Lahr
- Dr. Georg-Schaeffler-Straße 1, 14943 Luckenwalde
- Georg-Schäfer-Straße 30, 97421 Schweinfurt
- Gottlieb-Daimler-Straße 2, 13803 Steinhagen
- Mettmanner Straße 79, 42115 Wuppertal

Schaeffler Friction Products GmbH (DE)

with the sites

- Industriestraße 7, 57577 Hamm/Sieg
- Industriestraße 7, 54497 Morbach

Schaeffler Motorenelemente GmbH & Co. KG (DE)

with the site

- Blumenstraße 13, 39122 Magdeburg

Schaeffler Elfershausen GmbH & Co. KG (DE)

with the site

- August-Ulrich-Straße 36-38, 97725 Elfershausen

Schaeffler Chain Drive Systems (FR)

with the site

- 1000 rue Louis Breguet, 62100 Calais

Schaeffler France SAS (FR)

with the sites

- Rue Alfred Morinière, 45520 Chevilly
- 93 route de Bitche, BP 30186, 67506 Haguenau

page 2 from 5

a. 舍弗勒公司 EMAS 证书第 1 页 ~ 第 2 页

Certificate of Registration

Attachment to the Certificate of Registration from 30th October 2014, date of creation: 8th June 2015

Schaeffler (UK) Ltd. (UK)
with the site
- Yspitty Road, Bynea, Llanelli CARMS SA14 9TG

S. C. Schaeffler Romania S.R.L. (RO)
with the site
- Aleea Schaeffler Nr. 3, 507055 Cristian/Brasov

LuK Unna GmbH & Co. KG (DE)
with the sites
- Alfred-Nobel-Straße 9, 59423 Unna
- Otto-Hahn-Straße 6, 59423 Unna

LuK GmbH & Co. KG (DE)
with the sites
- Industriestraße 3, 77815 Bühl
- Bußmatten 2, 77815 Bußmatten
- Ruhmatt 1, 77879 Kappelrodeck
- Am Fuchsgraben 7, 77880 Sasbach

LuK Truckparts GmbH & Co. KG (DE)
with the site
- Buchenhainweg 7, 36452 Kaltennordheim

LuK Savaria Kft. (HU)
with the site
- Zanati út 31, 9700 Szombathely

LuK (UK) Ltd. (UK)
with the site
- Waleswood Road, Wales Bar, Sheffield S26 5PN

FAG Aerospace GmbH & Co. KG (DE)
with the site
- Georg-Schäfer-Straße 30, 97421 Schweinfurt

FAG Magyarország Ipari Kft. (HU)
with the site
- Határ út 1. D. ép., 4031 Debrecen

page 4 from 5

Certificate of Registration

Attachment to the Certificate of Registration from 30th October 2014, date of creation: 8th June 2015

Schaeffler Austria GmbH (AT)
with the site
- Ferdinand-Pörzl-Straße 2, 2560 Berndorf-St. Veit

Schaeffler (Ningxia) Co., Ltd. (CN)
with the site
- No. 86 Wenchang South Road, 750021 Yinchuan, Ningxia

Schaeffler China Co. Ltd. (CN)
with the sites
- No. 1-3 Schaeffler Road, 215400 Taicang
- 18 Chaoyang Road, 215400 Taicang
- No. 1 Antuo Road, Anting, Jiading District Shanghai

Schaeffler Friction Products (Suzhou) Co., Ltd. (CN)
with the site
- No. 36 Daxan Road, 215151 Suzhou New District

Schaeffler Korea Corporation (KR)
with the sites
- 179, Seonggok-ro, Danwon-gu Ansan-City, 425-839 Geonggi-Do
- 90, Samdong-ro, Seongsan-gu, Changwon City, Gyeongsangnam-do, 641-050 Korea
- 24, Samdong-ro, Seongsan-gu, Changwon City, Gyeongsangnam-do, 641-290 Korea
- 146, Wanam-ro, Seongsan-gu, Changwon City, Gyeongsangnam-do 641-020 Korea
- 17, Palgwajeong-ro, Deokjin-gu, Jeonju-si, Jeollabuk-do, Korea

Schaeffler Portugal S.A. (PT)
with the site
- Rua Estrada do Lavradio 25, 25040-294 Caldas da Rainha

Schaeffler South Africa (Pty.) Ltd. (ZA)
with the site
- 58-64 Burman Road, Deal Party, 6012 Port Elizabeth

page 3 from 5

b. 舍弗勒公司 EMAS 证书第 3 页 ~ 第 4 页

Certificate of Registration

Attachment to the Certificate of Registration from 30ᵗʰ October 2014; date of creation: 8ᵗʰ June 2015

INA Drives & Mechatronics GmbH & Co. KG (DE)
with the site
Mittelbergstraße 2, 98527 Suhl

INA Lanskroun s.r.o. (CZ)
with the site
Dvorakova 328, 56301 Lanskroun

INA Kysuce spol. s.r.o. (SK)
with the site
Ulica Dr. G. Schaefflera 1, 02401 Kysucké Nové Mesto

INA Skalica spol. s.r.o. (SK)
with the site
- Ulica Dr. G. Schaefflera 1, 90901 Skalica

Schaeffler Iberia s.l.u. (ES)
with the site
- Ballibar Kalea 1, 20870 Elgoibar

WPB Water Pump Bearing GmbH & Co.KG - Schaeffler Italia S.r.l. (IT)
with the site
- Via Dr. Georg Schaeffler 7, 28015 Momo (Novara)

The Barden Corporation (UK) Ltd. (UK)
with the site
- Plymbridge Road, Estover, Plymouth, Devon, PL6 7LH

page 5 from 5

c. 舍弗勒公司 EMAS 证书第 5 页

图 5-1　舍弗勒公司 EMAS 证书

（2）提升了公司员工的环保意识，例如，在冷媒管理方面，因为需要定期记录用量，促使员工对冷媒的使用更加规范合理，减少了温室气体排放。

（3）提升了公司管理，特别是在数据管理方面。

5.1.6　环保措施案例

在舍弗勒（中国）有限公司，有 3 项环保措施成为公司目前的优秀案例。

措施 1：废气余热利用。通过热交换器，将废气所含热量用于加热空调用水，废气余热可以将水温从 15℃加热到 65℃左右，热水用于办公楼空调，从而实现节能，该措施的投资回收期仅为 10 个月。

措施 2：纯水制备废水回用。在纯水制备过程中，通常 60% 的水成为合格的工艺用水，满足生产要求，其余 40% 的水则成为废水，这些废水中盐分和悬浮物含量比自来水高，与传统意义的废水相比，相当于净水，具有很大利用价值，如果进入污水处理，既增加污水处理负荷，又造成浪费。因此，舍弗勒（中国）有限公司将这些纯水制备废水收集到一个水箱，用于车间地面冲洗。此措施投资几乎可以忽略不计，每年节省的水资源和水费相当可观。

措施 3：含油切削污泥废油回收。舍弗勒（中国）有限公司属于机加工行业，每年产生大量的含油钢材切削，含油量约为 30%，成为含油污泥。公司采购了压滤设备，压滤提取污泥中的油，然后回用于生产。该措施虽然投资较大，但投资回收期仅为 1 年，环境和经济效益均明显。

5.2 西门子西班牙科内尔拉工厂

西门子西班牙科内尔拉工厂（SIEMENS S. A，Fábrica de Cornellá）位于巴塞罗那城西 8km，占地 3 万 m²，始建于 1910 年，自 1987 年开始生产火车牵引机，目前主要生产信号设备、机车变压器、火车机车马达及配件，现有员工 200 名，1999 年注册了 EMAS（图 5-2），此外还通过了 ISO 9001 和 ISO 18001 认证。西门子西班牙科内尔拉工厂 2009 年因注册 EMAS 满 10 周年获奖，2012 年因废木材回用获得了卡塔洛尼亚 EMAS 奖，2014 年作为本地区环境水平最好的公司之一再次获得卡塔洛尼亚 EMAS 奖。2012 年公司环境部门与质量部门合并，成为质量与环境部，从而更加有利于电力管理。

西门子西班牙科内尔拉工厂的环境健康安全方针遵行西门子公司制定的

CERTIFICAT DE REGISTRE

El Departament de Territori i Sostenibilitat certifica que el centre de l'organització:

SiEMENS, SA

ubicat al carrer Luis Muntadas, 4 de Cornellà de Llobregat

ha estat registrat amb el número:

ES-CAT-000018

D'acord amb la Resolució de 4 d'octubre de 2012 de la directora general de Qualitat Ambiental i el que preveuen els articles 13 i 14 del Reglament 1221/2009, del Parlament Europeu i del Consell, de 25 de novembre de 2009, relatiu a la participació voluntària d'organitzacions en un sistema comunitari de gestió i auditoria ambiental (EMAS).

El conseller de Territori i Sostenibilitat

Lluís Recoder i Miralles

Barcelona, 8 d'octubre de 2012

Data d'inscripció: 31/08/1999
Data de 4a renovació: 04/10/2012
Validesa del certificat: 29/06/2015

Generalitat de Catalunya
Departament de Territori
i Sostenibilitat

图 5-2　西门子公司巴塞罗那工厂 EMAS 证书

方针，以具有市场竞争力的产品，让客户取得成功，让员工满意，为社会可持续发展作出贡献。为此遵行以下原则：

（1）向员工和利益相关者（客户、供应商和公众）提供信息，开展培训，确保实现环境保护、职业健康和安全，通过稳定的监管保障产品质量，实现各方面的承诺。

（2）致力于遵行现行法律法规和公司内部对环境保护和能源的要求，将能源管理作为环境保护的一部分。

（3）按照污染预防和环境保护的顺序，可持续地利用资源，减缓和适应气候变化，保障员工的职业安全和健康，保证产品质量，推进供应商合规，采取适当的管理确保客户的满意度。

（4）承诺持续改进综合管理体系。每个员工有责任参与改进，以实现目标。考虑各环境因素的风险，以及由此产生的改进机会。改善管理体系、环境绩效与能效，购买节能产品和服务。

西门子西班牙科内尔拉工厂在公司内发布的质量信息中包含环境信息，能让员工较为便捷地看到，根据生产流程设置管理结构，鼓励员工提出改进建议。

西门子西班牙科内尔拉工厂每个季度进行内审，对环保合规（包括欧盟、国家、本地区等所有与企业相关的环保法律法规）情况进行识别、记录、评估，将结果提交给西门子公司内部的信息平台进行记录。2014 年制定了员工手册，介绍如何进行垃圾分类收集。西门子西班牙科内尔拉工厂最近采取的环保措施主要有：

（1）2014 年对车间布局进行了较大调整，在移动设备时，在计划安装设备的位置地面以下铺设了防渗层，防止油渗漏产生土壤污染。

（2）进行垃圾分类，把不同类型的垃圾放入不同颜色的垃圾桶（红、黄、绿），提高物料的循环利用率。

（3）对机加工含油 5% 的废水进行预处理，提取里面的清洁水以回用，从而使最终废水处理量降低了 95%。

（4）车间照明采用分区控制，根据照明度确定开关灯。

（5）安装计量仪表，统计用水量。

（6）将木质废包装材料赠送给当地一家从事鸟类保护的环保 NGO，制作鸟巢。既实现了资源回用，也降低了废物处理费用。

《西门子西班牙科内尔拉工厂 2015 年环境声明》大纲如下：

1　工厂概况

 1.1　历史沿革与现状

 1.2　员工情况

 1.3　环境委员会

 1.4　生产活动

 1.5　产品情况

 1.6　基本指标

2　环境方针

3　环境管理体系

4　环境绩效

 4.1　法规变化情况与合规

 4.2　法律要求

5　环境因素

 5.1　直接环境因素

 5.2　间接环境因素

 5.3　量化环境因素：原辅材料、自然资源、能耗和水耗、废水排放、废弃物、包装、废气排放、噪声

 5.4　车间地面

 5.5　环境投资与收益

 5.6　与外部利益相关者的关系

6　环境目标和环境管理规划

附件一：环境平衡图

附件二：环境认证员签字声明

5.3 西班牙里西奥大剧院

西班牙里西奥大剧院（Gran Teatre del Liceu）位于西班牙巴塞罗那兰布拉大街，目前共有 370 名员工，始建于 1837～1847 年，以音乐为语言，通过上演各种艺术作品，向公民传播艺术文化。1994 年 1 月 31 日，里西奥大剧院发生了一场大火灾，烧毁了观众席和舞台，为了保护和重建这个具有象征意义的建筑，1994 年成立了里西奥大剧院基金会，接管里西奥大剧院的资产。经过 1994～1999 年的维修和重建，里西奥大剧院于 1999 年 10 月 7 日重新开业。里西奥大剧院在 2004 年取得了 ISO 14001 环境管理体系认证，在 2005 年注册了 EMAS（图 5-3），因其《2009～2015 年高效能源的行动计划》而获得 2011 年度卡塔洛尼亚 EMAS 奖，在 2013 年注册了 ISO 50001 能源管理体系，成为欧洲第一家注册 ISO 50001 的歌剧院。里西奥大剧院《2009～2015 年高效能源的行动计划》成为公共机构与私营领域合作的一个优秀案例，采用绩效合同，根据节能承诺获得融资，用于提高能效和技术创新。

里西奥大剧院建立了环境能源管理体系（Sistema de Gestió Ambiental i Energètic，SGAiE），通过自我评估工具，定期评估歌剧院开展的各种活动对环境和能源的影响，制订改进目标，以实现在日常工作中持续改进，此外还建立起自我控制机制，以确保整个歌剧院的有序、合宜运转。SGAiE 的工作范围包括：上演的节目及其管理、维修车间、物流运输、出版物，以及营销和媒体管理。环境经理由技术部主任担任，基础设施和维护属于技术部工作范围。

其环境方针是：

（1）监控各种活动的环境影响和能源消耗，防止污染。

（2）采取措施，以减少对自然资源的消耗，如水、电、天然气和柴油。

（3）尽量减少浪费，做好现场管理。

（4）对员工进行环保和能源专题培训，让员工参与环境和能源目标的实现。

CERTIFICAT DE REGISTRE

El Departament de Territori i Sostenibilitat certifica que el centre:

GRAN TEATRE DEL LICEU

Ubicat a la Rambla, 51-59 de Barcelona

ha estat registrat amb el número:

ES-CAT-000169

D'acord amb la Resolució de 25 de juny de 2014 de la directora general de Qualitat Ambiental i el que preveuen els articles 13 i 14 del Reglament 1221/2009, del Parlament Europeu i del Consell, de 25 de novembre de 2009, relatiu a la participació voluntària d'organitzacions en un sistema comunitari de gestió i auditoria ambiental (EMAS). Els requisits del sistema de gestió ambiental EMAS són els establerts en la secció 4 de la norma EN ISO 14001:2004

El conseller de Territori i Sostenibilitat

Data d'inscripció: 25/01/2005
Data de 3a renovació: 25/06/2014
Validesa del certificat: 27/01/2017

Santi Vila i Vicente

Barcelona, 27 de juny de 2014

Generalitat de Catalunya
Departament de Territori
i Sostenibilitat

图 5-3　里西奥大剧院 EMAS 证书

（5）提高客户、供应商、分包商等利益相关方的环保和节能意识，并让他们参与行动。

（6）承诺公众可以获得环保方面的信息。

（7）购买节能产品和服务，在设计上考虑节能和可持续发展。

里西奥大剧院 2012 ~ 2013 年度的环境目标见表 5-1。

表 5-1　里西奥大剧院 2012 ~ 2013 年度环境目标

指标	目标及数值	实现情况
水	每场活动用水量（RCa）≤74.07 m³	77.71 m³
能源	每场活动用电量（RCe）≤35.18 MWh	34.89 MWh
能源	每场活动燃气用量（RCg）≤7.06 MWh	5.68 MWh
废弃物	废弃物分类收集率（RS）≥15%	34.11%
原材料	每场活动宣传和出版纸张消耗（CPg）≤106.25 kg	142.21 kg
总体情况	组织公众活动（APu）≥3 场	7 场
总体情况	针对供应商的活动（APr）≥2.5 场	3.3 场
其他	获得 ISO 50001 认证	已获得

在 2012 ~ 2013 年度中，75% 的环境目标已实现，其余两个由于经济原因未能按期实现，鉴于剧院的经济形势，取得这样的成果还是非常可观的。

里西奥大剧院采取的节能环保措施主要有以下几个方面。

（1）在上次修建过程中，由于部分建筑位于当地水平面以下，因此有水不断渗出，于是在 4 个角落中放入 4 根管子，用于收集这些渗入的水，经过与政府沟通，这些水用于城市的景观喷泉和绿化，2012 ~ 2013 年度就收集了 8.739 万 m³。2012 ~ 2013 年度虽然采取了一些节水措施，安装了一些水表，绘制了用水分布图，但节水目标并没有实现。

（2）通过管理提升人们的节能意识、改变用能习惯，实现节能 25%。通过设备改造，用能最大的设施从年能耗 900 万 kWh 降低到 400 万 kWh。

（3）除舞台灯光外，其余照明灯陆续更换为 LED 灯。

（4）舞台道具尽量选用环保材料。

对比 EMAS 和 ISO14001，里西奥大剧院的环境能源经理认为，EMAS 的要求更加深入和严格，员工的参与度更高。在新员工培训中，环境政策是一个重要议题，因此会对环境政策进行非常具体的介绍。里西奥大剧院已经成为环保文化的一个沟通工具。

《里西奥大剧院 2012–2013 财年环境声明》大纲如下：

1　引言

2　里西奥大剧院概况

　　2.1 基本数据

　　2.2 环境能源管理体系（SGAiE）的范围

　　2.3 团队

3　能源与环境政策

4　实施能源环境管理体系

5　环境因素和能源

　　5.1 环境问题审核

　　5.2 能源利用审核

6　能源和环境规划

　　6.1 目标 1——每个活动平均用水量

　　6.2 目标 2——每个活动平均用电量

　　6.3 目标 3——每个活动平均天然气消费量

　　6.4 目标 4——每个活动平均收集的废物

　　6.5 目标 5——广告和出版物纸张消耗

　　6.6 目标 6——大众传播方面的行动

　　6.7 目标 7——相关供应商的操作

　　6.8 目标 8——ISO 50001 能源管理体系认证

7　能源和环境绩效

　　7.1 环境行为：水、大气、材料、废弃物

　　7.2 能耗：总用量（电、燃气、柴油）、节能行动计划

8　环境信息公开

9　环保法律法规和其他要求的合规情况

9.1 许可证

9.2 安全和消防保护规划

9.3 电气安装

9.4 锅炉

9.5 压力装置

9.6 柴油存储

9.7 升降机

9.8 监测

9.9 污水排放

9.10 噪声

9.11 废弃物

10 下次验证时间

5.4 欧洲中央银行

欧洲中央银行（European Central Bank，ECB）位于德国法兰克福市，作为跨国界的欧洲机构，其一直认为自己有责任为可持续发展做出积极贡献。2007 年欧洲中央银行决定采取行动，以系统地追求环境可持续发展，提出了绿色倡议，并通过了第一部环境政策，于 2010 年注册了 EMAS。在过去的几年中，欧洲中央银行通过提高管理层和工作人员对环境的认识，减少对自然资源的消耗，降低二氧化碳排放，实现对资源的可持续利用。

欧洲中央银行新建大楼位于法兰克福市奥斯坦德地区（Ostend），于 2014 年 11 月投入使用，在规划设计、评估、建设过程中重视能源效益和可持续性，设定了能耗指标，让建筑师与结构工程师、能源与气候设计师合作，优化建筑的能源效率与可持续性，通过设计，实现能效水平优于德国 2007 年节能指令要求的 30%。设计中采取的主要环保节能措施包括：

（1）外墙采用高能效三层保温材料，楼顶采用高效保温材料。

（2）增加自然通风，采用电动遮阳，使用低能耗的照明，充分利用自然光，保障舒适的工作条件。

（3）设置雨水收集装置，将雨水用于冲厕和绿化浇灌。

（4）回收利用余热（主要是计算机房和中庭），将这些热量用于制冷或采暖。

欧洲中央银行新场址内的绿化与周围公园和公共绿地一起构成了法兰克福市的一个"绿肺"，使得该地区由一个完全工业化的区域转变为拥有700棵新种植树木的河道景观，促进了该区域的城市更新。为了保留工业化的记忆，在大厅外面用石头铺设了一圈道路，这些来自原场地既有的以及拆除旧建筑时所保留的材料，是整栋建筑可持续性的一部分，因此，在旧建筑拆除时，所有外墙砖都进行了认真清理和保存。

欧洲中央银行的环境政策是，承诺将不断改进环境绩效，并尽量减少生态足迹：

（1）通过培训、信息和行动提高人们的意识，鼓励所有内部和外部工作人员、分包商的可持续行动与创新。

（2）在日常活动中采取措施，减少碳排放量，有效地和负责任地使用资源。

（3）在采购程序中越来越多地纳入环境因素，进一步开发可持续采购指南，对采购者进行培训。

（4）促进内部和外部所有利益相关方就环境绩效进行透明的沟通和对话。

（5）遵守适用的环境法律法规。

欧洲中央银行认为，每个员工的行为对环境目标的实现具有重要影响，因此，2014年组织召开了两次员工环境代表研讨会，其中一次的议题是欧洲中央银行的碳足迹边界，此次研讨会的成果将纳入欧洲中央银行的环境管理体系修订内容中。欧洲中央银行鼓励员工在2014年欧洲无车日不开车出行，选择公共交通，或骑自行车，或步行出行，另外还参加了世界自然基金会"地球一小时"倡议。在2014年，欧洲审计院发布了"欧洲中央银行对自身碳足迹管理的审计报告以及对欧洲中央银行的答复"以及"欧盟机构和机关如何计算、减少和抵消温室气体排放量"的专题报告，评估了包括欧洲中央银行在内的 15 个欧洲组织的温室气体排放报告。

欧洲中央银行根据 2011 年数据制定了到 2015 年年底计划完成的环境目标，到 2014 年进展情况见表5-2。

表5-2　欧洲中央银行 2015 环境目标进度表

能源效率	每个工作场所的能耗总量保持或略低于 2013 年水平，但没有设定绝对目标，因为在制定目标时，即将搬入的新大楼的能耗情况处于未知状态 *预期风险是搬入新大楼会增加能耗，设定新的能耗基准线。机会是通过改变人们的行为降低用能量*
材料效率	每个工作场所减少5%的用纸量，官方出版物用纸量保持在 2013 年水平（考虑到单一监管机制（single supervisory mechanism，SSM）和欧元竞争）。30％的办公用品使用环境友好类产品（目前比例为 28％） *风险主要是 SSM 的未知要求。机会是数字化办公程度越来越高，例如显示器越来越好、打印机越来越少等*
废弃物	2015 年年底为新办公大楼设定废弃物基准线和循环利用基准线 *风险主要是搬入新办公大楼过程中产生废弃物；但这个过程也会鼓励人们尽量分类收集以增加循环利用的比例*
排放	每个工作场所当前的排放量不应超过 2013 年记录（这里的"当前"包括新办公楼、日本中心、德国商业银行大楼这 3 个地方。欧元塔和老的办公楼（Eurotheum）在 2015 年退役。） *风险是新办公楼的能耗不确定性。机会是可以继续尽量用视频会议取代部分出差*
绿色采购	10％的采购考虑环境因素
意识和拓展	2015 年在新办公大楼内与欧盟机构共同组织一个"绿色日" *保持当前的总体目标，提升环境意识，改变员工的行为习惯，人们一致认为目前暂时不增加绝对目标*

《欧洲中央银行 2015 年环境声明》大纲如下：

1　前言

2　欧洲中央银行的环境绩效

　　2.1　截止到 2015 年 9 月，环境目标和指标的实现情况，包括：工作场所、能源效率、材料效率、印刷品、办公纸张消耗、办公用品、清洁用品、进水处理用化学品和冷却剂、水和废水、废弃物与循环利用、排放、绿色采购、提升意识。

    2.2   2014 年的 CO_2 排放量

    2.3   环境管理规划

    2.4   对环境的自评

  3   环境认证员签字声明

6 欧盟国家 EMAS 政策措施启示

6.1 中国环境管理体系认证制度的管理模式

中国认证认可制度是中国与国际接轨最早、最为完善的质量管理制度之一。中国自 1996 年引入和推行 ISO 14000 标准，开展环境管理体系认证试点工作，逐步建立了中国环境管理体系认证国家认可制度，由国家认证认可监督委员会（CNCA）对中国 ISO 14001 认证实施统一管理，采用"统一认证体系，统一认证标准，统一认证证书"的管理原则。

根据《认证认可条例》的有关规定和要求，我国认证行政监管是以三方面的内容为前提和保障的，由国家认证认可监督委员会统一领导，并充分发挥国务院各有关部门的作用；地方质量技术监督部门和直属检验检疫机构、工商行政管理部门具有市场管理方面的有力手段；国务院有关主管部门对本行业、本领域认证工作中存在的违法违规问题的信息收集、调查处理等方面的协调作用。

中国国家认证认可监督管理委员会，直属国家质检总局，是国务院决定组建并授权，履行行政管理职能，统一管理、监督和综合协调全国认证认可工作的主管机构；中国合格评定国家认可委员会（CNAS）是根据《中华人民共和国认证认可条例》的规定，由国家认证认可监督管理委员会批准设立并授权的国家认可机构，统一负责对认证机构、实验室和检查机构等相关机构的认可工作，宗旨是推进合格评定机构按照相关的标准和规范等要求加强建设，促进合格评定机构以公正的行为、科学的手段、准确的结果有效地为社会提供服务。中国认证认可协会（CCAA），是由认证认可行业的认可机构、认证机构、认证培训机构、认证咨询机构、实验室、检测机构和部分获得认证的组织等单位会员和个人会员组成的非营利性、全国性的行业组织。依法接受业务主管单位国家质量监督检验检疫总局、登记管理机关民政部的业务指导和监督管理。

中国的认证行业采取的两个基本原则：一是认证机构采用的是政府许可的形式；二是企业认证采取的是自愿原则。由国家质检总局领导认证认可监督委员会，认证认可监督委员会履行行政管理职能，统一管理、监督和综合协调全国认证认可工作的主管机构，认证认可监督委员会委托认可委员会对认证机构、实验室和检查机构的资质进行认可审核并将评定结果报认证认可监督委员会，由认证认可监督委员会对合格认证机构，实验室和检查机构颁发资质许可，许可其可以实施认证，产品检验及特定的检查工作，认证认可行业的组织监管关系可用图 6-1 表示。

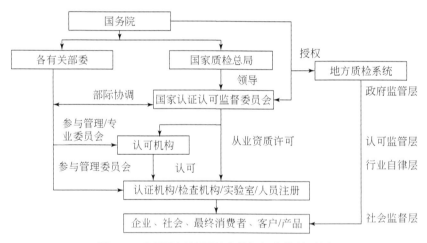

图 6-1　我国认证认可行业的组织监管关系图

6.2　中国环境管理体系认证的趋势

环境管理体系作为诸多管理体系中的一种，所规定的共同性结构必然有利于各自独立又相互关联的体系在组织内的整合，成为一个综合型管理体系；对接受多种体系的集成提供方便，为经济的投入和有效的回报创造了有利条件。

1）未来管理体系标准的构架和发展趋势

管理体系标准构架的一致性趋势，将有利于实现相关管理性标准的全面改革，并导致新的管理标准制定和现有标准修订过程中的构架要按规定进行调整，其中 ISO 14001 环境管理体系、ISO 9001 质量管理体系等标准将于 2015 年发布正式版，OHSAS 18001 职业健康安全管理体系将转化为 ISO 45001，并采用附录 SL 管理标准架构于 2016 年正式发布。这将为管理体系整合提供了良好基础。其他的管理标准，诸如 ISO/TS 16949、ISO 13845、ISO/TS 29001 等有关汽车、医疗器械和石油、石化和天然气等特殊行业的质量管理体系标准也将必然采用附录推荐的标准结构。

2）前景广阔

以 ISO 14001 标准而言，改版内容将根据 2013 年 ISO 14001 调查最终报告及分析结论的要求，更注重领导阶层的参与、环保绩效、生命周期思维及执行 PDCA 循环时须考虑组织内外的环境风险等方面的内容进行合理调整，以提高标准的适用性、有效性和增值效果。用户可在应用新版 ISO 14001：2015 的过程中充分体验到新版本"开创的市场关联性、管理标准兼容性、应用灵活性、合格评定适用性和清晰易懂易用性"等特点，并有利于有更多的小微企业加入到环境管理体系的行列中来。

6.3　在中国推广 EMAS 面临的挑战

目前在中国推广 EMAS 将面临以下方面的挑战：

第一，根据 EMAS 法规对合规的严格要求，在欧盟，通常都是政府部门来作为 EMAS 主管机构，以确保 EMAS 在合规方面的公信力与透明度（附表 1-2）。在中国，以自上而下的方式推动需要一定的时间，EMAS 产生的实际效果与目前政府正在推行的节能减排政策在节能减排绩效方面有相同之处，在国家层面出台推广措施需要一定的时间。

第二，由于中国幅员辽阔，各地经济条件、环境保护程度、社会文化氛围等各异，如果以自上而下的方式推广 EMAS，与在国家层面的推广措施相比，在地方层面更需要各地根据本地具体情况制定更加适合的措施才能真正调动企业的主动性。

第三，目前从政府部门到企业和公众，对 EMAS 的了解程度普遍不高。

第四，EMAS 注册流程较为复杂，只能在欧盟成员国注册，还需要使用受理 EMAS 注册国家的官方语言编制相关申请文件。在当前环境下，如果仅仅使用 EMAS，但不注册，又难以展示 EMAS 在合规方面的公信力。

第五，目前企业环境信息公开已经部分省市启动，有少数企业自愿每年公开环境信息。企业环境信息公开尚未在全国普及，大部分企业尚未认识到，环境信息公开有助于提高企业在环境方面的形象，改善与公众、客户、政府主管部门、供应商的沟通。

第六，目前大部分企业设有环境管理，主要是应对政府各部门的监管要求，一方面缺乏基础数据，另一方面缺乏动力引入 EMAS，作为其现有环境管理的完善和更新。环境管理的潜力仍然有待深入挖掘。

第七，EMAS 实施和实际产生绩效都需要一定的时间，相比目前人们普遍的期望和习惯，这个时间周期显得冗长。从专业程度来看，良好的环境管理必然需要投入足够的时间、人力和资源，才能实现最佳效益，才能对可持续发展的未来具有明显的贡献。

然而，从全球范围来看，工业化进程中的环境破坏是许多国家保护环境的驱动力。中国的工业化进程比发达国家略晚，这使得中国的环境保护正处于最具潜力的阶段。欧盟作为全球环境管理的先锋，虽然各成员国的文化、历史、政治体系与中国不同，在推行 EMAS 的政策措施也不尽相同，欧盟国家 EMAS 政策措施对于中国的环境管理政策与行动有一定的可借鉴之处。

6.4　欧盟部分国家 EMAS 相关政策措施

EMAS 实施 20 多年以来，欧盟委员会及欧盟各成员国都采取了多种形式的政策措施，不仅是为了推动 EMAS 的应用，而且着重如何持续地提升环境绩效。欧盟及各成员国的 EMAS 政策措施有许多共同之处，例如：

（1）充分开展各方对话，包括政府、企业、第三方、公众、学术机构等。

（2）以法规形式为中小企业环境管理提供资助。

（3）政府机关等公共机构建立 EMAS，在公共采购中应用 EMAS。

（4）发布行业环境管理最佳实践、行业参考文件等指南。

（5）以多种形式宣传 EMAS 的益处。

（6）尽可能简化组织注册流程、环境许可流程。

欧盟部分国家 EMAS 相关政策措施举例见表6-1。

表6-1　欧盟部分国家 EMAS 相关政策措施与行动

国家	EMAS 相关政策措施
奥地利	制定 EMAS 注册办法，并定期修订
	修订环保法案
	环保部发布免费的 CO_2 计算器
	发布 EMAS 手册、最佳实践案例
比利时	对中小企业，执法机构付合规咨询费
	在联邦可持续发展规划中要求 23 个公共行政机构注册 EMAS，每年进行评估
	将 EMAS Ⅲ 与本国法规融合
	以项目形式支持 EMAS 新法规
	EMAS 标识、注册号、正确性、标语，用在组织的贴纸上
保加利亚	面向绿色产业的 EMAS 注册资金
	减收相关申请费
捷克	政府机构采用 EMAS
	在许多城市培训官员、召开研讨会、开发在线学习课程
克罗地亚	在国家法规中确定 EMAS 国家框架，职责、分工、费用、补贴
	确立 EMAS 在克罗地亚的地位和功能，提高公众意识
丹麦	建立政府信息公告系统，包括企业合规情况
	10 种提高环境绩效的工具，对标管理。提供数字化的中小企业工具箱

国家	EMAS 相关政策措施
丹麦	在供应链上将 EMAS 与其他管理体系结合
	环保署制定资源节约最佳实践
爱沙尼亚	公共机构 EMAS 项目
	环境投资中心向计划实施 EMAS 的组织提供资助
	环境管理最佳实践系统
芬兰	环保局按照国家 EMAS 法规为组织提供帮助
	网站推介 EMAS、资讯
法国	大公司（员工超过 500 名）的企业必须有经过审计的企业社会责任报告，EMAS 注册企业可以免此项
	EMAS 环境声明等同于 Grenelle II（2010 年）
	对公共卫生中心培训 EMAS 注册
	开发公共卫生用户指南
	减免 EMAS 注册组织的污染税
德国	EMAS 注册组织奖励和优惠政策
	欧盟能源管理体系（EN 16001）与 EMAS 法规中的同等要求
	EMAS 环境认证员手册，包括：主管机构、知识、工作领域、发证系统、监管相关各方
	推广活动与信息发布：EMAS 与 ISO 14001 的区别和增值之处
	EMAS、EMAS III、资源效率、标识使用、德国 EMAS 顾问委员会
	联邦德国环保法
	欧盟能源管理体系（EN 16001）指南
	环保部、欧洲专利办公室发布环境声明
	推广活动与信息发布：EMAS 与 ISO 50001，EMAS 与 ISO 26000
	EMAS 实施指南
	环境声明数据库
	在联邦和地方层面推广措施：对注册组织减少监管
希腊	成立"绿色公共采购与环境标准办公室"
	以法律形式简化了对专业技术人员和制造活动的认证程序
	在法律中规定对制造业及相关行业使用 EMAS 的给予政策优惠与资金扶持
	对环境债务或危险废物管理的保险费减免 50%
	简化环境许可流程

国家	EMAS 相关政策措施
希腊	免注册费；对小型组织简化流程
	对制造业减免财务和法规负担
匈牙利	对中小企业的资金支持
	政府财政支持项目：新技术研究、小型组织建立环境管理体系的项目
爱尔兰	对实施环境管理体系的企业奖励约 900 欧元/天
	降低注册费
	对 10 人以上的中小企业对环境管理体系对多给予 1.2 万欧元的补贴
意大利	财政补贴中小企业（或组织）EMAS 相关费用的 40%～80%
	一些本地政府补贴中小企业（或组织）EMAS 相关费用的 50%（5000～8000 欧元），总共 250 万欧元（自 2003 年开始）
	商会资助中小企业（或组织）EMAS 相关费用的 20%～50%（2500～1 万欧元），后来改为 30%～50%，100～7500 欧元
	奖励自愿实施 EMAS 的中小企业（相关费用的 25%～50%，2000～7500 欧元）
	普利亚区为旅游业组织注册 EMAS 提供资助，额度为 35%～45%
	在艾米利亚–罗马涅省，每个 EMAS 注册组织最多可获得 4 万欧元
	在巴斯利卡塔，补贴 50%～60% 的 EMAS 实施和注册费
	环保部支持南部中小企业，75%～80%
	法令：注册了 EMAS 的组织申请做固废管理可减免 50% 保证金
	托斯卡纳法令：年净产值低于 2000 万欧元的组织，注册 EMAS 可免 0.6% 的生产税，中小企业可得 1.5 万欧元；EMAS 加分细则；SME 注册过程中有技术支持
	艾米利亚–罗马涅区：鼓励企业投资环境–循环（E-R），免 25% 环境许可费
	坎帕尼亚：农业和渔业的中小企业可以得到 100% 拿证费用
	卢卡省：获得认证的企业可得到 2600 欧元的成本补贴
	里窝那市+拉文那市：中小企业环 EMS 补贴 50%（最多 2500 欧元）
	阿雷佐市：EMS 补贴 20%（最多 3000 欧元）
	伦巴蒂大区法令：EIA 增加 30% 门槛
	坎帕尼亚：发布中小企业认证补贴细则
立陶宛	帮助小型组织建立 EMAS
荷兰	编制使用手册，通过管理体系实现合规管理：用实际案例讲解 ISO 14001 和 EMAS 等相关法规的合规

国家	EMAS 相关政策措施
荷兰	发布行业参考文件
挪威	挪威有效益的资源效率管理（PREM）项目
	交流环保最佳实践
波兰	编制绿色运动赛事指南
	国家 EMAS 法规修订，包括环保项目和水管理项目资金申请，简化注册、验证程序
	政府的能源环境战略。鼓励自愿可持续生产和消费
葡萄牙	宾馆 EMAS 实施指南
	在宾馆业、军工组织实施 EMAS
	实施 EMAS
罗马尼亚	EMAS 注册的更新是免费的，对中小企业免费提供咨询服务
	中小企业的环境责任
	建立布加勒斯特（Bucharest-Ilfov）EMAS 信息中心
	罗马尼亚–保加利亚合作项目：提高旅游业跨境环境管理意识
斯洛伐克	斯洛伐克环保部项目：绿色办公
	团体注册费可获得一部分来自第三方的资助
斯洛文尼亚	降低中小企业的 EMAS 注册费
西班牙	绿色公共采购
	巴伦西亚市开发 EMAS 课程、编制 EMAS 实施指南
	在巴利阿里群岛编制特定行业的最佳实践
	在穆尔西亚自治区建立 EMAS 俱乐部
	在阿斯图里亚斯发布《发扬环境先锋：阿斯图里亚斯企业实施 EMAS 的条件和展望》
	在加泰罗尼亚出版《土壤污染预防手册》、《政府推广环境管理体系的经验》。EMAS 颁奖，绿色采购技术指南（政府项目投标材料中必须有环境管理体系）
	加利西亚：中小企业环保扶持资金"绿色合同"支持社区 EMAS；资金支持 EMAS 建立和维护，减免 50% 环境许可申请费，降低环境监察频次
	加泰罗尼亚：编制博物馆 EMAS 实施指南，与 EMAS 俱乐部合办杂志《环境质量》
	巴斯克自治区：申请项目补贴时，相比其他环境管理体系，优先考虑 EMAS 注册机构
	巴利阿里群岛：维护网站，支持可持续宾馆网络，以论坛、环境指标等形式
	阿斯图里亚斯：鼓励各种会员制，更新网站

国家	EMAS 相关政策措施
西班牙	巴斯克自治区：注册了 EMAS 或 ISO 14001，生态标签费减免 20%（法令）
	巴斯克自治区：定期大气监测/排放控制，以法令形式推荐 EMS，EMAS 注册组织免收固废管理费
	加泰罗尼亚：电子注册，对注册 EMAS 的给予补贴
	卡斯蒂利亚省：EMAS 注册类型和步骤；区域可持续发展战略；综合固废计划；对农业的整体支持计划
	卡斯蒂利亚和雷昂：电子注册
瑞典	自 2011 年开始补贴注册费
	设立国家 EMAS 网站、热线电话，其中包括公共采购 EMAS 如何注册问题解答
	法律规定：所有公共机构必须建立环境管理体系
	EMAS 关键指标使用最佳实践
英国	企业获得认证的环境管理体系，可以在法规方面得到环保署的更多认可
	政府削减监管，以推广环境管理

6.5 在中国推广 EMAS 的政策建议

6.5.1 政府机关普及环境管理体系

政府机关在提高环境意识和推动可持续发展方面具有非常重要的影响力。对于一个区域，本地政府机关和公共机构是当地经济的关键角色，担负很多责任，如学校、废物处置、道路维护、消防等。本地政府机关与居民距离最近，如果在公共事务中体现出环境行动，将成为该地区提升环境绩效的榜样，如节能。欧盟一些国家在这方面已经采取了行动，如比利时、捷克、法国、德国、希腊、意大利等。

6.5.2 推广绿色公共采购

绿色公共采购的目的在于降低生产、物流运输、消费的总体环境影响，一方面产生直接环境绩效，另一方面通过这一行动可以向社会展示政府机构自身的环境保护行动，以此带动全社会环保意识的提升。

6.5.3 实现各环境管理体系之间的顺畅转换

对于大部分生产型企业，目前都已经建立了环境管理，既有 ISO 14001 这种标准化的环境管理体系，也有根据实际需要自行设定的环保部门，以应对各种环保合规工作。但在第三产业和政府机关、事业单位、学校、医院等公共机构，环境管理体系尚未得到普及。这是因为：①通常人们对生产型企业的产排污情况关注程度较高，而对可持续消费方面关注度不够高；②环境管理体系类型多种，但缺乏互相兼容和转换方面的操作指南、制度保障。

EMAS 法规第 45 条规定，现有的环境管理体系如果全部或部分内容符合 EMAS 法规要求，可以被认可为 EMAS 相应的同等内容。对于一个组织，这样可以充分利用之前的环境管理体系工作。

在技术和制度上实现各环境管理体系之间的顺畅转换，有利于推广环境管理，也有利于整合多种环境管理工具，实现更大的环境效益。

6.5.4 建立环境管理绩效数据库

可以参考欧盟、德国等环境声明数据库、最佳环境实践数据库，在中国建立环境管理绩效数据库，由政府环保部门或者环保组织、学术机构等，分行业建立环境绩效数据库，发布在同一个网站，便于各方浏览使用，为企业（包括第二产业和第三产业）、城市管理者、公共机构等设定环境绩效目标与指标提供技术支持，推动行业间环境管理经验交流。

6.5.5 开展多方对话，推广可持续消费方式

在中国，政府、企业、公众都在采取各种与可持续发展相关的行动，但

这些信息还没有得到很好的流通，由此会产生一些不必要的误解，也可能会导致工作的重复。因此，应组织各方开展多种形式的环境对话，如各种层面的圆桌会议、研讨、经验交流、展览、在线体验式学习等。

环境污染不只是源于排污企业，也来自我们每一个人。人们的消费方式对环境有非常重要的影响作用。改变一个小的生活习惯，就能带来很大的环境效益，例如洗菜水冲厕、洗脸的时候不要一直打开水龙头、不过度消费等。可持续消费方式需要引导，需要宣传，应当创造性地利用媒体来进行宣传推广，特别是新兴社交媒体，用新的传播途径扩大传播面。

6.5.6 统筹环境管理与经济、社会问题

环境管理并不是与经济发展完全相对立，许多环保方案其实能够提供相当多的工作机会，而且激发社会创新与科技进步，为国家经济繁荣带来新活力。

在欧盟，一些国家还将环境管理与企业社会责任联合，例如法国等。

6.5.7 在政策和制度上扶持中小企业

目前大部分奖励政策针对大型企业，中小企业在技术、资金、信息方面都需要得到政府、社会的支持和帮助。在国家和各级政府的政策中，可以简化中小企业办理各种环保手续的流程，为中小企业环保工作提供资金支持，并且为中小企业提供资讯。例如，意大利许多地方政府设立了具体的中小企业 EMAS 注册奖励资金制度，明确了资金额度。还有一些欧盟国家对中小企业注册 EMAS 实现免收注册费的制度。

附　　录

附录 1　EMAS 常见词汇

附表 1-1　EMAS 法规词汇中英文对照表

中文	英文	中文	英文
环境方针	Environmental Policy	审核员	Auditor
环境绩效	Environmental Performance	环境声明	Environmental Statement
合规	Legal Compliance	更新的环境声明	Updated Environmental Statement
环境因素	Environmental Aspect	环境认证员（或机构）	Environmental Verifier
重大环境因素	Significant Environmental Aspect	组织	Organisation
直接环境因素	Direct Environmental Aspect	场所	Site
间接环境因素	Indirect Environmental Aspect	打捆（行业群体或批量）	Cluster
环境影响	Environmental Impact	验证	Verification
环境初审（或环境评估）	Environmental Review	审查	Validation
环境保护行动计划	Environmental Programme	执法机构	Enforcement Authorities
环境目标	Environmental Objective	环境绩效指标	Environmental Performance Indicator
环境指标	Environmental Target	小型组织	Small Organisations
环境管理体系	Environmental Management System	团体注册	Corporate Registration
环境管理最佳实践	Best Environmental Management Practice	认可机构	Accreditation Body

中文	英文	中文	英文
实质性变化	Substantial Change	认证员特许机构	Licensing Body
内部环境审核	Internal Environmental Audit	主管机构	Competent Body

附表 1-2　欧盟及其成员国 EMAS 相关机构名称对照表

机构中文名称	英文或官方语言名称
奥地利联邦环境办事处	Umweltbundesamt GmbH
奥地利联邦农业、林业、环境和水资源管理部	Federal Ministry of Agriculture, Forestry, Environment and Water Management
比利时联邦服务中心——健康、食品安全、环境	Federal public Service Health, Food Chain Safety and Environment Direction Assistant Eurostation
比利时弗拉芝大区环境、自然与能源局，环境许可证处	Environment, Nature & Energy Department Environmental Licences Division
比利时布鲁塞尔环境管理研究院，总务处	Brussels Environment IBGE（Institut Bruxellois pour la Gestion de l'Environnement）General Logistic subdivision
比利时瓦隆公共服务局——农业、自然资源和环境，服务保障管理	Service Public de Wallonie Direction Générale Opérationnelle de l'Agriculture, des Ressources Naturelles et de l'Environnement（DGO3）
比利时财政部，经济、中小企业、个体经营和能源司，质量与安全部处	FPS Economy, SMEs, Self-employed and Energy Department of Quality and Security Division Quality
保加利亚环境与水资源部，预防活动理事会，工业污染预防司	Ministry of Environment and Water Preventive Activities Directorate, Industrial Pollution Prevention Department
保加利亚认可服务中心	Executive Agency Bulgarian Accreditation Service

续表

机构中文名称	英文或官方语言名称
克罗地亚环境署	Croatian Environment Agency
克罗地亚认可署	Croatian Accreditation Agency
塞浦路斯农业、自然资源与环境部，环境司	Department of Environment Ministry of Agriculture, Natural Resources and Environment
塞浦路斯商务、工业与旅游部，质量促进中心	Cyprus Organisation for the promotion of Quality (CYS) Ministry of Commerce, Industry and Tourism
捷克环境部	Ministry of the Environment
捷克认可协会	Czech Accreditation Institute
丹麦环保署	Danish Environmental Protection Agency (EPA)
丹麦认可与计量基金会	The Danish Accreditation and Metrology Fund
爱沙尼亚环境署	Estonian Environment Agency
爱沙尼亚认可中心	Estonian Accreditation Centre, EAK
芬兰环境研究院	Finnish Environment Institute
芬兰计量和认可服务中心	FINAS (Finnish Accreditation Service) Centre for Metrology and Accreditation
法国经济财政与工业部，伏尔泰旅游可持续发展委员会	Ecolabel européen-Eco-conception Bureau de la consommation et de la production responsables Commissariat Général au Développement Durable Ministère de l'Écologie, du Développement durable et de l'Énergie
法国国家认可委员会	Comité Francais d'Accréditation (COFRAC)
德国工商总会	Association of German Chambers of Industry and Commerce
德国环境认证员许可机构	Deutsche Akkreditierungs-und Zulassungsgesellschaft für Umweltgutachter mbH
希腊环境、能源与气候变化部，国际关系和欧盟事务司，以及希腊 EMAS 委员会	Department of International Relations and EU Affairs and member of the Hellenic EMAS Committee Hellenic Ministry of Environment, Energy and Climate Change
希腊国家认可委员会	Hellenic Accreditation System SA (ESYD)
匈牙利环境、自然和水稽查大队，政府间气候变化专门委员会（IPCC）处	National Inspectorate for Environment, Nature and Water IPPC Department

机构中文名称	英文或官方语言名称
匈牙利认可理事会	Hungarian Akkreditation Board
爱尔兰国家认可理事会	Irish National Accreditation Board
意大利生态标签与生态审核委员会	Comitato Ecolabel e Ecoaudit Sezione EMAS Italia
意大利国家认可委员会	Istituto Superiore per la Protezione e la Ricerca Ambientale（ISPRA）
拉脱维亚国家环保局环境审查司	Division for Environmental Screening State Environment Bureau
拉脱维亚国家认可局	Latvian National Accreditation Bureau
立陶宛环保署环境影响评价与污染预防司	Environmental Protection agency Environmental Impact Assessment and Pollution Prevention Division
立陶宛国家认可局	National Accreditation Bureau
卢森堡可持续发展与基础产业部环境局	Ministère du Développement durable et des Infrastructures Administration de l'environnement
马耳他竞争与消费事务管理局	Malta Competition and Consumer Affairs Authority（MCCAA）
马耳他资格认可委员会	National Accreditation Board-Malta（NAB-Malta）
荷兰环境认证与职业健康安全管理体系协调基金会	Stichting Coördinatie Certificatie Milieu-en arbomanagementsystemen（SCCM）
荷兰认可委员会	Raad voor Accreditatie（Dutch Accreditation Council RvA）
挪威布伦尼认证中心	Brønnøysundregistrene（BRREG）
挪威污染控制局，控制与应急响应司	Norwegian Pollution Control Authority Department for Control and Emergency Response
挪威认可机构	Norwegian Accreditation
波兰环境保护总局	Polish General Directorate for Environmental Protection（GDEP）
波兰国家认可中心	Polish Centre for Accreditation
葡萄牙环保署	Portuguese Environment Agency
葡萄牙认可研究院	Instituto Português de Acreditação（IPAC）
罗马尼亚环境与森林部，污染控制与影响评价司	Ministry of Environment and Forests-Pollution Control and Impact Assessment Directorate

机构中文名称	英文或官方语言名称
斯洛伐克环境局，废物管理与环境管理中心，环境管理处	Slovak Environmental Agency (SEA) Centre of Waste Management and Environmental Management Department of Environmental Management
斯洛伐克环保部，行业政策与可持续发展部门	Ministry of the Environment of the Slovak Republic Section sectoral policies and sustainable development
斯洛伐克国家认可体系	Slovak National Accreditation Service (SNAS)
斯洛文尼亚农业与环境部，环境局	Ministry for Agriculture and the Environment Slovenian Environmental Agency
斯洛文尼亚国家认可机构	Slovenian Accreditation
西班牙农业食品和环境部，质量、环境评价与自然环境局	Ministerio de Agricultura, Alimentación y Medio Ambiente Secretaría de Estado de Medio Ambiente Dirección General de Calidad, Evaluación Ambiental y Medio Natural
西班牙安达卢西亚自治区环境局，环境质量与预防处	ANDALUCíA Consejería de Medio Ambiente Dirección General de Prevención y Calidad Ambiental
西班牙阿拉贡环境研究院	Instituto Aragonés de Gestión Ambiental (INAGA)
西班牙阿斯图里亚斯自治区发展、规划与环境局，环境质量处	ASTURIAS Consejería de Fomento, Ordenación del Territorio y Medio Ambiente Dirección General de Calidad Ambiental
西班牙巴利阿里省农业、环境与国土局，自然环境、环境教育与气候变化处	BALEARES Consejería de Agricultura, Medio Ambiente y Territorio Dirección General de Medio Natural, Educación Ambiental y Cambio Climático
西班牙加纳利群岛教育、大学与可持续发展局，环境处	CANARIAS Consejería de Educación, Universidades y Sostenibilidad Viceconsejería de Medio Ambiente
西班牙坎塔布里亚：环境、规划与城市局，环境处	CANTABRIA Consejería de Medio Ambiente, Ordenación del Territorio y Urbanismo Dirección General de Medio Ambiente
西班牙卡斯蒂利亚农业局，质量与环境评价处	CASTILLA-LA MANCHA Consejería de Agricultura Dirección General de Calidad e Impacto Ambiental

机构中文名称	英文或官方语言名称
西班牙卡斯蒂利亚省环境与发展局，质量与环境可持续处	CASTILLA Y LEÓN Consejería de Fomento y Medio Ambiente Dirección General de Calidad y Sostenibilidad Ambiental
西班牙加泰罗尼亚自治区：规划与可持续局，环境质量处	CATALUÑA Departamento de Territorio y Sostenibilidad Dirección General de Calidad Ambiental
西班牙埃斯特雷马杜拉自治区：农业、城市发展、环境与能源局，环境处	EXTREMADURA Consejería de Agricultura, Desarrollo Rural, Medio Ambiente y Energía Dirección General de Medio Ambiente
西班牙加利西亚自治区：环境、规划与基础设施局，环境质量与评价处	GALICIA Consejería de Medio Ambiente, Territorio e Infraestructuras Secretaría de Calidad y Evaluación Ambiental
西班牙马德里：环境、住房与国土局，环境评价处	MADRID Consejería de Medio Ambiente, Vivienda y Ordenación del Territorio Dirección General de Evaluación Ambiental
西班牙穆尔西亚自治区：农业与水资源局，环境处	MURCIA Consejería de Agricultura y Agua Dirección General de Medio Ambiente
西班牙纳瓦拉省：城市发展、环境与本地管理局，环境与水资源处	NAVARRA Departamento de Desarrollo Rural, Medio Ambiente y Administración Local Dirección general de Medioambiente y Agua
西班牙里奥哈地区：农业、畜牧与环境局，环境质量处	LA RIOJA Consejería de Agricultura, Ganadería y Medio Ambiente Dirección General de Calidad Ambiental
西班牙巴伦西亚自治区：基础设施、规划与环境局，环境质量处	COMUNIDAD VALENCIANA Consejería de Infraestructuras, Territorio y Medio Ambiente Dirección General de Calidad Ambiental
西班牙巴斯克自治区：环境与国土政策局，环境管理处	PAÍS VASCO Departamento de Medio Ambiente y Política Territorial Dirección de Administración Ambiental Viceconsejería de Medio Ambiente

机构中文名称	英文或官方语言名称
西班牙休达自治市：发展与环境局	CEUTA Consejería de Fomento y Medio Ambiente
西班牙梅利利亚自治市：环境局	MELILLA Consejería de Medio Ambiente
西班牙国家认可机构	Entidad Nacional de Acreditación（ENAC）
瑞典环保署	Swedish Environmental Protection Agency
瑞典认可和合格评定委员会	Swedish Board for Accreditation and Conformity Assessment
英国环境管理与评估研究所	Institute of Environmental Management & Assessment （IEMA）
英国皇家认可委员会	United Kingdom Accreditation Service （UKAS）

附 录

附录2 欧盟经济活动分类编码（NACE）

附表 2-1 NACE 编码（第 2 次修订）

大类	类别	小类		ISIC 第 4 次修订
			A-农业、林业、渔业	
01			农作物、畜牧生产、狩猎和相关服务活动	
	01.1		非多年生作物种植	
		01.11	谷类（大米除外），豆科作物和油籽	0111
		01.12	水稻种植	0112
		01.13	蔬菜、瓜类、块根和块茎作物种植	0113
		01.14	甘蔗种植	0114
		01.15	烟草种植	0115
		01.16	纤维作物种植	0116
		01.19	其他非多年生作物种植	0119
	01.2		多年生作物种植	
		01.21	葡萄种植	0121
		01.22	热带和亚热带水果种植	0122
		01.23	柑橘类水果种植	0123
		01.24	仁果类和核果类种植	0124
		01.25	其他树木和灌木水果和坚果种植	0125
		01.26	油籽种植	0126
		01.27	饮料作物种植	0127
		01.28	香料、含香作物、药物和药用农作物种植	0128
		01.29	种植其他多年生作物	0129
	01.3		植物繁殖	
		01.30	植物繁殖	0130
	01.4		畜牧生产	
		01.41	奶牛饲养	0141*
		01.42	其他家畜和水牛饲养	0141*

大类	类别	小类		ISIC 第 4 次修订
		01.43	马和其他马科动物饲养	0142
		01.44	骆驼和骆驼科动物养殖	0143
		01.45	绵羊和山羊饲养	0144
		01.46	饲养猪	0145
		01.47	饲养家禽	0146
		01.49	饲养其他动物	0149
	01.5		混合养殖	
		01.50	混合养殖	0150
	01.6		农业和农作物收获后的支持类活动	
		01.61	农作物生产支持类活动	0161
		01.62	动物生产支持类活动	0162
		01.63	农作物收获后的活动	0163
		01.64	育种	0164
	01.7		狩猎和相关服务活动	
		01.70	狩猎和相关服务活动	0170
02			林业和伐木	
	02.1		造林等林业活动	
		02.10	造林等林业活动	0210
	02.2		伐木	
		02.20	伐木	0220
	02.3		野生非木材产品采集	
		02.30	野生非木材产品采集	0230
	02.4		林业支持类服务	
		02.40	林业支持类服务	0240
03			渔业和水产养殖	
	03.1		渔业	
		03.11	海洋渔业	0311
		03.12	淡水钓鱼	0312
	03.2		水产养殖	
		03.21	海水养殖	0321

续表

大类	类别	小类		ISIC 第 4 次修订
		03.22	淡水养殖	0322
			B-采矿和采石业	
05			原煤和褐煤开采	
	05.1		无烟煤开采	
		05.10	无烟煤开采	0510
	05.2		褐煤开采	
		05.20	褐煤开采	0520
06			原油和天然气开采	
	06.1		原油开采	
		06.10	原油开采	0610
	06.2		天然气开	
		06.20	天然气开采	0620
07			金属矿开采	
	07.1		铁矿石开采	
		07.10	铁矿石开采	0710
	07.2		有色金属矿开采	
		07.21	铀和钍矿石开采	0721
		07.29	其他有色金属矿石开采	0729
08			其他采矿和采石业	
	08.1		石头、沙子和黏土开采	
		08.11	建筑装饰石材、石灰石、石膏、白土和石板开采	0810 *
		08.12	碎石坑和沙坑处理，黏土和高岭土开采	0810 *
	08.9		未列入其他分类的采矿和采石	
		08.91	化学矿物和肥料矿物开采	0891
		08.92	泥炭开采	0892
		08.93	采盐	0893
		08.99	未列入其他分类的其他采矿和采石	0899
09			采矿业支持类服务活动	
	09.1		石油和天然气开采的辅助活动	
		09.10	石油和天然气开采的辅助活动	0910

大类	类别	小类		ISIC 第 4 次修订
	09.9		采矿和采石其他支持活动	
		09.90	采矿和采石其他支持活动	0990
			C-制造业	
10			食品制造业	
	10.1		肉类和肉制品加工与保存	
		10.11	肉类和肉制品加工与保存	1010*
		10.12	禽肉加工与保存	1010*
		10.13	肉类和禽肉生产	1010*
	10.2		鱼、甲壳类和软体动物加工与保存	
		10.20	鱼、甲壳类和软体动物加工与保存	1020
	10.3		水果和蔬菜加工与保存	
		10.31	土豆加工与保存	1030*
		10.32	果蔬汁制造	1030*
		10.39	其他水果和蔬菜的加工与保存	1030*
	10.4		动植物油脂制造	
		10.41	油脂制造	1040*
		10.42	人造黄油类食用脂肪制造	1040*
	10.5		乳制品制造	
		10.51	奶制品和奶酪制造	1050*
		10.52	制造冰淇淋	1050*
	10.6		谷物碾磨、淀粉及淀粉制品	
		10.61	谷物碾磨	1061
		10.62	淀粉及淀粉制品生产	1062
	10.7		加工面包和淀粉制品	
		10.71	面包、糕点加工	1071*
		10.72	制作面包干和饼干，加工可长期存放的糕点	1071*
		10.73	通心粉、面条、方便面类产品加工	1074
	10.8		其他食品制造	
		10.81	制糖	1072
		10.82	可可、巧克力和糖果制造	1073

大类	类别	小类		ISIC 第 4 次修订
		10.83	茶叶和咖啡加工	1079 *
		10.84	调味品和调味料加工	1079 *
		10.85	熟食加工	1075
		10.86	均质食物和食疗食物加工	1079 *
		10.89	未列入其他分类的食品制造	1079 *
	10.9		动物饲料加工	
		10.91	家畜饲料加工	1080 *
		10.92	宠物食品加工	1080 *
11			饮料制造业	
	11.0		饮料制造业	
		11.01	酒精蒸馏、精馏及勾兑	1101
		11.02	葡萄制酒	1102 *
		11.03	苹果酒和其他水果酒加工	1102 *
		11.04	其他发酵非蒸馏饮料加工	1102 *
		11.05	啤酒加工	1103 *
		11.06	麦芽生产	1103 *
		11.07	软饮料加工，矿泉水和其他瓶装水加工	1104
12			烟草制品业	
	12.0		烟草制品业	
		12.00	烟草制品业	1200
13			纺织品加工	
	13.1		纺纱	
		13.10	纺纱	1311
	13.2		纺织品编织	
		13.20	纺织品编织	1312
	13.3		纺织品整理	
		13.30	纺织品整理	1313
	13.9		其他纺织品制造	
		13.91	针织及钩编织物加工	1391
		13.92	非服装类纺织品加工	1392

大类	类别	小类		ISIC 第 4 次修订
		13. 93	地毯制造	1393
		13. 94	绳索和织网加工	1394
		13. 95	非服务类无纺材料和制品加工	1399 *
		13. 96	其他工业类纺织品加工	1399 *
		13. 99	未列入其他分类的纺织品加工	1399 *
14			服装制造	
	14. 1		服装制造，毛皮服装除外	
		14. 11	皮革服装加工	1410 *
		14. 12	工作服加工	1410 *
		14. 13	外衣加工	1410 *
		14. 14	内衣加工	1410 *
		14. 19	其他服饰加工	1410 *
	14. 2		毛皮制品加工	
		14. 20	毛皮制品加工	1420
	14. 3		针织及钩编服装	
		14. 31	针织及钩编袜子	1430 *
		14. 39	其他服饰加工	1430 *
15			皮革加工	
	15. 1		皮革鞣制和整理，箱包、手袋、鞍具及挽具加工，皮草染色	
		15. 11	皮革鞣制和整理，皮草染色	1511
		15. 12	箱包、手袋、鞍具及挽具加工	1512
	15. 2		制鞋	
		15. 20	制鞋	1520
16			非家具类木材和软木制造，稻草和编织品加工	
	16. 1		锯木和刨削	
		16. 10	锯木和刨削	1610
	16. 2		木材、软木、稻草和编织品加工	
		16. 21	木板和人造板加工	1621
		16. 22	镶木地板加工	1622 *
		16. 23	其他建筑用木工和细木工	1622 *

大类	类别	小类		ISIC 第 4 次修订
		16.24	木制容器加工	1623
		16.29	其他木制品、软木制品、稻草和编织品加工	1629
17			造纸及纸制品	
	17.1		造浆，造纸和纸板加工	
		17.11	造浆	1701 *
		17.12	造纸和纸板加工	1701 *
	17.2		纸制品和纸板加工	
		17.21	瓦楞纸、纸板、纸质容器加工	1702
		17.22	家庭卫生、盥洗用品	1709 *
		17.23	纸章文具加工	1709 *
		17.24	壁纸加工	1709 *
		17.29	其他纸质品加工	1709 *
18			印刷和记录媒介的复制	
	18.1		印刷及相关服务活动	
		18.11	印刷报纸	1811 *
		18.12	其他印刷	1811 *
		18.13	印前和审查服务	1812 *
		18.14	装订及相关服务	1812 *
	18.2		记录媒介的复制	
		18.20	记录媒介的复制	1820
19			炼焦、成品油加工	
	19.1		焦炭生产	
		19.10	焦炭生产	1910
	19.2		成品油加工	
		19.20	成品油加工	1920
20			化工	
	20.1		基本化学品、化肥、氮化合物、塑料和初级形状合成橡胶加工	
		20.11	工业气体制造	2011 *
		20.12	染料和颜料制造	2011 *
		20.13	其他基本无机化学品制造	2011 *

大类	类别	小类		ISIC 第 4 次修订
		20.14	其他基本有机化学品制造	2011*
		20.15	肥料和氮化合物制造	2012
		20.16	初级形状塑料加工	2013*
		20.17	初级形状合成橡胶加工	2013*
	20.2		农药等农化产品制造	
		20.20	农药等农化产品制造	2021
	20.3		油漆、清漆及类似涂料、印刷油墨、胶黏剂生产	
		20.30	油漆、清漆及类似涂料、印刷油墨、胶黏剂生产	2022
	20.4		肥皂、洗涤剂、清洁剂、抛光剂、香水和盥洗用品加工	
		20.41	肥皂、洗涤剂、清洁剂和抛光剂加工	2023*
		20.42	香水和盥洗用品加工	2023*
	20.5		其他化工品加工	
		20.51	炸药生产	2029*
		20.52	胶水制造	2029*
		20.53	香精油制造	2029*
		20.59	未列入其他分类的化学品制造	2029*
	20.6		人造纤维加工	
		20.60	人造纤维加工	2030
21			基础药品和制剂制造	
	21.1		基础药物制造	
		21.10	基础药物制造	2100*
	21.2		药物制剂制造	
		21.20	药物制剂制造	2100*
22			橡胶和塑料制品制造	
	22.1		橡胶制品加工	
		22.11	橡胶轮胎和内胎制造，橡胶轮胎翻新和重建	2211
		22.19	其他橡胶制品制造	2219
	22.2		塑料制品制造	
		22.21	塑料盘、塑料布、塑料管和塑料型材加工	2220*
		22.22	塑料包装制品加工	2220*

大类	类别	小类		ISIC 第 4 次修订
		22.23	建筑塑料配件加工	2220 *
		22.29	其他塑料制品加工	2220 *
23			其他非金属矿物制品加工	
	23.1		玻璃及玻璃制品加工	
		23.11	制造平板玻璃	2310 *
		23.12	平板玻璃整形和加工	2310 *
		23.13	制造中空玻璃	2310 *
		23.14	玻璃纤维制造	2310 *
		23.9	其他玻璃和工程玻璃加工	2310 *
	23.2		耐火制品制造	
		23.20	耐火制品制造	2319
	23.3		陶土建材制造	
		23.31	瓷砖和标志制造	2392 *
		23.32	黏土烘制砖、瓦、建筑产品	2392 *
	23.4		其他陶瓷制品制造	
		23.41	家用陶瓷、陶瓷装饰制造	2393 *
		23.42	陶瓷卫生器具制造	2393 *
		23.43	陶瓷绝缘体和绝缘配件制造	2393 *
		23.44	其他技术陶瓷制品制造	2393 *
		23.49	其他陶瓷产品制造	2393 *
	23.5		水泥、石灰和石膏制造	
		23.51	水泥生产	2394 *
		23.52	石灰和石膏生产	2394 *
	23.6		混凝土、水泥及石膏制品生产	
		23.61	建筑混凝土制品生产	2395 *
		23.62	建筑石膏制品生产	2395 *
		23.63	预拌混凝土生产	2395 *
		23.64	灰浆生产	2395 *
		23.65	纤维水泥生产	2395 *
		23.69	其他混凝土、石膏和水泥制品生产	2395 *

大类	类别	小类		ISIC 第 4 次修订
	23.7		石材切割、整形、加工	
		23.70	石材切割、整形和加工	2396
	23.9		未列入其他分类的磨具和非金属矿物制品加工	
		23.91	磨具	2399*
		23.99	未列入其他分类的非金属矿物制品加工	2399*
24			基本金属制造	
	24.1		基本钢铁和铁合金制造	
		24.10	基本钢铁和铁合金制造	2410*
	24.2		钢质管子、管道、空心型材及相关配件制造	
		24.20	钢质管子、管道、空心型材及相关配件制造	2410*
	24.3		其他初级钢制品加工	
		24.31	棒材冷拔	2410*
		24.32	窄带钢冷轧	2410*
		24.33	冷成型、冷弯	2410*
		24.34	线材冷拔	2410*
	24.4		基本贵金属和其他有色金属制造	
		24.41	贵金属生产	2420*
		24.42	制铝	2420*
		24.43	铅、锌和锡生产	2420*
		24.44	铜制品	2420*
		24.45	其他有色金属生产	2420*
		24.46	核燃料加工	2420*
	24.5		金属铸造	
		24.51	铁铸造	2431*
		24.52	钢铸造	2431*
		24.53	轻金属铸造	2432*
		24.54	其他有色金属铸造	2432*
25			金属制品制造，机械设备除外	
	25.1		结构性金属制品制造	
		25.11	金属构件制造	2511*

续表

大类	类别	小类		ISIC 第 4 次修订
		25.12	金门属窗制造	2511 *
	25.2		水槽、水箱和金属容器制造	
		25.21	集中供暖散热器和锅炉制造	2512 *
		25.29	其他水槽、水箱和金属容器制造	2512 *
	25.3		蒸汽发生器制造，不包括集中供热热水锅炉	
		25.30	蒸汽发生器制造，不包括集中供热热水锅炉	2513
	25.4		武器和弹药制造	
		25.40	器和弹药制造武	2520
	25.5		金属锻造、液压、冲压和轧制成型，粉末冶金	
		25.50	金属锻造、液压、冲压和轧制成型，粉末冶金	2591
	25.6		金属涂层和处理，机加工	
		25.61	金属涂层和处理	2592 *
		25.62	机加工	2592 *
	25.7		刀具、工具及一般五金制造	
		25.71	餐具制造	2593 *
		25.72	锁具及铰链制造	2593 *
		25.73	工具制造	2593 *
	25.9		其他金属制品制造	
		25.91	钢桶及容器制造	2599 *
		25.92	轻金属包装制造	2599 *
		25.93	线材产品、链条和弹簧制造	2599 *
		25.94	紧固件和螺丝机械产品制造	2599 *
		25.99	未列入其他分类的金属制品制造	2599 *
26			计算机、电子及光学产品制造	
	26.1		电子元件和电路板制造	
		26.11	电子元件制造	2610 *
		26.12	加载电子板制造	2610 *
	26.2		计算机及零配件制造	
		26.20	计算机及零配件制造	2620
	26.3		通讯设备制造	

大类	类别	小类		ISIC 第 4 次修订
		26.30	通信设备制造	2630
	26.4		消费类电子产品制造	
		26.40	消费类电子产品制造	2640
	26.5		量、检测和导航仪器仪表制造，钟表制造	
		26.51	测量、检测和导航仪器仪表制造	2651
		26.52	钟表制造	2652
	26.6		放射、电子医疗设备制造	
		26.60	放射、电子医疗设备制造	2660
	26.7		光学仪器及摄影器材	
		26.70	光学仪器及摄影器材	2670
	26.8		磁性和光学介质制造	
		26.80	磁性和光学介质制造	2680
27			电气设备制造	
	27.1		电动机、发电机、变压器和配电及控制设备制造	
		27.11	电动机、发电机和变压器制造	2710 *
		27.12	配电及控制设备制造	2710 *
	27.2		电池和蓄电池制造	
		27.20	电池和蓄电池制造	2720
	27.3		布线及配线设制造备	
		27.31	光纤电缆制造	2731
		27.32	其他电子、电线和电缆制造	2732
		27.33	配线设备制造	2733
	27.4		电力照明设备制造	
		27.40	电力照明设备制造	2740
	27.5		家电制造	
		27.51	家电制造	2750 *
		27.52	非家电制造	2750 *
	27.9		其他电气设备制造	
		27.90	其他电气设备制造	2790
28			其他机械和设备制造	

大类	类别	小类		ISIC 第 4 次修订
	28.1		通用机械制造	
		28.11	发动机、涡轮机制造，不包括飞机、汽车和摩托车发动机	2811
		28.12	流体动力设备制造	2812
		28.13	其他泵及压缩制造机	2813*
		28.14	其他水龙头和阀门制造	2813*
		28.15	轴承、齿轮、传动和驱动部件制造	2814
	28.2		其他通用机械制造	
		28.21	烘炉、熔炉及熔炉燃烧器	2815
		28.22	起重及装卸设备	2816
		28.23	办公机械和设备（除计算机及其配件）制造	2817
		28.24	电动手工工具制造	2818
		28.25	非家用制冷和通风设备制造	2819*
		28.29	未列入其他分类的通用机械制造	2819*
	28.3		农业和林业机械制造	
		28.30	农业和林业机械制造	2821
	28.4		金属成型设备和机床制造	
		28.41	金属成型设备制造	2822*
		28.49	机床等制造	2822*
	28.9		其他专用机械制造	
		28.91	冶金设备制造	2823
		28.92	采矿、采石及建筑设备制造	2824
		28.93	食品、饮料、烟草设备制造	2825
		28.94	纺织、服装和皮革设备制造	2826
		28.95	造纸和纸板设备制造	2829*
		28.96	塑料和橡胶机械制造	2829*
		28.99	未列入其他分类的专用设备制造	2829*
29			汽车、挂车和半挂车生产	
	29.1		汽车制造	
		29.10	汽车制造	2910
	29.2		汽车车身制造，挂车和半挂车生产	

大类	类别	小类		ISIC 第 4 次修订
		29.20	汽车车身制造，挂车和半挂车生产	2920
	29.3		汽车零配件制造	
		29.31	机动车电气和电子设备制造	2930 *
		29.32	其他汽车零配件制造	2930 *
30			其他运输设备制造	
	30.1		船艇制造	
		30.11	船舶及浮动结构体制造	3011
		30.12	娱乐和运动船只制造	3012
	30.2		铁路机车制造	
		30.20	铁路机车制造	3020
	30.3		航空和航天器制造	
		30.30	航空和航天器制造	3030
	30.4		军用战车制造	
		30.40	军用战制造车	3040
	30.9		未列入其他分类的交通运输设备制造	
		30.91	摩托车生产	3091
		30.92	自行车和病人用车生产	3092
		30.99	未列入其他分类运输设备制造	3099
31			家具制造业	
	31.0		家具制造业	
		31.01	办公室和商用家具制造	3100 *
		31.02	厨房家具制造	3100 *
		31.03	床垫制造	3100 *
		31.09	其他家具制造	3100 *
32			其他制造业	
	32.1		珠宝、首饰及有关物品制造	
		32.11	纪念硬币	3211 *
		32.12	珠宝首饰及有关物品制造	3211 *
		32.13	人造首饰及有关物品制造	3212
	32.2		乐器制造	

大类	类别	小类		ISIC 第 4 次修订
		32.20	乐器制造	3220
	32.3		体育用品制造	
		32.30	体育用品制造	3230
	32.4		游戏机和玩具制造	
		32.40	游戏机和玩具制造	3240
	32.5		医疗和牙科器械用品制造	
		32.50	医疗和牙科器械用品制造	2350
	32.9		未列入其他分类的制造业	
		32.91	扫帚和刷子制造	3290*
		32.99	未列入其他分类的制造业	3290*
33			维修及安装设备	
	33.1		金属制品维修设备	
		33.11	金属制品维修	3311
		33.12	设备修理	3312
		33.13	电子和光学设备维修	3313
		33.14	电气设备维修	3314
		33.15	船舶维修和保养	3315*
		33.16	飞机和航天器维修和保养	3315*
		33.17	其他运输设备维修和保养	3315*
		33.19	其他设备维修	3319
	33.2		工业机械设备安装	
		33.20	工业机械设备安装	3320
			D–电力、煤气、蒸汽和空调供应	
35			电力、煤气、蒸汽和空调的供应	
	35.1		电力生产、传输和分配	
		35.11	电力生产	3510*
		35.12	电力输送	3510*
		35.13	配电	3510*
		35.14	电力贸易	3510*
	35.2		煤气制造，管道输送燃气	

大类	类别	小类		ISIC 第 4 次修订
		35.21	煤气制造	3520 *
		35.22	管道输送燃气	3520 *
		35.23	干线气体贸易	3520 *
	35.3		蒸汽和空调供应	
		35.30	蒸汽和空调供应	3530
			E-供水、排水、污水管理和治理	
36			集水、水处理及供应	
	36.0		集水、水处理及供应	
		36.00	集水、水处理及供应	3600
37			排水	
	37.0		排水	
		37.00	排水	3700
38			废弃物收集、处理和处置，物资回收	
	38.1		废物收集	
		38.11	非危险废物收集	3811
		38.12	危险废物收集	3812
	38.2		废物处理和处置	
		38.21	非危险废物处理和处置	3821
		38.22	危险废物处理和处置	3822
	38.3		物资回收	
		38.31	沉船拆解	3830 *
		38.32	分类材料再生	3830
39			治理和其他废物管理服务	
	39.0		治理和其他废物管理服务	
		39.00	治理和其他废物管理服务	3900
			F-建筑业	
41			楼房建筑	
	41.1		建设项目开发	
		41.10	建设项目开发	4100 *
	41.2		住宅和非住宅建筑的建设	

大类	类别	小类		ISIC 第 4 次修订
		41.20	住宅和非住宅建筑的建设	4100*
42			土木工程	
		42.11	公路和高速公路建设	4210*
		42.12	铁路、地铁建设	4210*
		42.13	桥梁和隧道建设	4210*
	42.2		公用设施建设	
		42.21	与液体相关的公用设施建设	4220*
		42.22	电力和电信公用设施建设	4220*
	42.9		土木建设	
		42.91	防水工程建设	4290*
		42.99	未列入其他分类的市政工程建设	4290*
43			特定建筑活动	
	43.1		拆迁和场地平整	
		43.11	拆除	4311
		43.12	现场准备	4312*
		43.13	测试钻井和打孔	4312*
	43.2		机电、管道及其他建筑安装活动	
		43.21	电气安装	4321
		43.22	管道、供热和空调安装	4322
		43.29	其他建筑安装	4329
	43.3		建筑装修装饰	
		43.31	粉刷	4330*
		43.32	木工	4330*
		43.33	地面和墙壁装修	4330*
		43.34	刷漆和上釉	4330*
		43.39	未列入其他分类的建筑装修装饰	4330*
	43.9		其他专业建筑活动	
		43.91	屋顶活动	4390*
		43.99	其他特定建筑活动	4390*

大类	类别	小类		ISIC 第 4 次修订
			G-批发和零售贸易，机动车和摩托车修理	
45			批发和零售贸易，汽车和摩托车修理	
	45.1		汽车销售	
		45.11	轿车和轻型汽车销售	4510*
		45.19	其他机动车辆销售	4510*
	45.2		汽车维修和保养	
		45.20	汽车维修和保养	4520
	45.3		汽车零配件销售	
		45.31	汽车零配件批发	4530*
		45.32	汽车零配件零售	4530*
	45.4		摩托车销售、维护和保养，摩托车零配件销售	
		45.40	摩托车销售、维护和保养，摩托车零配件销售	4540
46			除汽车和摩托车外的批发	
	46.1		基于费用或合同的批发	
		46.11	农业原料、牲畜、纺织原料及半成品代理销售	4610*
		46.12	燃料、矿石、金属和工业化学品代理销售	4610*
		46.13	木材和建材代理销售	4610*
		46.14	机械、工业设备、船舶及飞机代理销售	4610*
		46.15	家具、家居用品及五金代理销售	4610*
		46.16	纺织品、服装、皮草、鞋类和皮革制品代理销售	4610*
		46.17	食品、饮料和烟草代理销售	4610*
		46.18	其他特定产品专售	4610*
		46.19	销售多种商品	4610*
	46.2		批发农业原料和牲畜	
		46.21	粮食、未加工烟草、种子和动物饲料批发	4620*
		46.22	花卉和植物批发	4620*
		46.23	牲畜批发	4620*
		46.24	皮革、皮草批发	4620*
	46.3		食品、饮料和烟草批发	
		46.31	批发水果和蔬菜	4630*
		46.32	批发肉及肉制品	4630*

大类	类别	小类		ISIC 第 4 次修订
		46.33	批发乳制品、蛋及食用油脂	4630 *
		46.34	批发饮料	4630 *
		46.35	批发烟草制品	4630 *
		46.36	批发糖、巧克力和糖果	4630 *
		46.37	批发咖啡、茶、可可和香料	4630 *
		46.38	批发其他食物，包括鱼类、甲壳类和软体动物	4630 *
		46.39	食品、饮料和烟草非专营批发	4630 *
	46.4		批发家居用品	
		46.41	批发纺织品	4641 *
		46.42	批发服装和鞋类	4641 *
		46.43	批发家用电器	4649 *
		46.44	批发瓷器、玻璃器皿和清洁材料	4649 *
46		46.45	批发香水和化妆品	4649 *
		46.46	批发医药品	4649 *
		46.47	批发家具、地毯及照明设备	4649 *
		46.48	批发手表和珠宝	4649 *
		46.49	批发其他家庭用品	4649 *
	46.5		批发信息和通信设备	
		46.51	批发计算机、电脑配件和软件	4651
		46.52	批发电子电信设备与零件	4652
	46.6		批发其他机械、设备和物资	
		46.61	批发农业机械、设备和物资	4653
		46.62	批发机床	4659 *
		46.63	批发采矿、建筑及土木工程机械	4659 *
		46.64	批发纺织、缝纫和编织机械	4659 *
		46.65	批发办公家具	4659 *
		46.66	批发其他办公设备	4659 *
		46.69	批发其他机械和设备	4659 *
	46.7		其他专业批发	
		46.71	批发固体、液体和气体燃料及有关产品	4661

续表

大类	类别	小类		ISIC 第 4 次修订
		46.72	批发金属和金属矿物	4662
		46.73	批发木材、建材及卫生设备	4663 *
		46.74	批发零件、管道和供热设备物资	4663 *
		46.75	批发化工产品	4669 *
		46.76	批发其他中间产品	4669 *
		46.77	批发下脚料	4669 *
	46.9		非专业批发贸易	
		46.90	非专业批发贸易	4690
47			零售,汽车和摩托车除外	
	47.1		非专卖店零售	
		47.11	非专卖店零售食品、饮料或烟草	4711
		47.19	非专卖店的其他零售	4719
	47.2		零售食品、饮料和烟草	
		47.21	零售水果和蔬菜	4721 *
		47.22	在专卖店内的肉及肉制品零售	4721 *
		47.23	在专卖店内的鱼类/甲壳类和软体动物零售	4721 *
		47.24	面包、蛋糕、糕点和糖果的零售	4721 *
		47.25	在专卖店内的饮料零售	4722
		47.26	零售烟草制品	4723
		47.29	在专卖店内的其他食品零售	4721 *
	47.3		在专卖店内的汽车燃料零售	
		47.30	在专卖店内的汽车燃料零售	4730
	47.4		在专卖店内的信息与通信设备零售	
		47.41	在专卖店内的计算机、电脑配件和软件零售	4741 *
		47.42	在专卖店内的电信设备零售	4741 *
		47.43	在专卖店内的音频和视频设备零售	4742
	47.5		在专卖店内的其他家用设备零售	
		47.51	在专卖店内的纺织品零售	4751
		47.52	五金、油漆和玻璃零售	4752
		47.53	在专卖店内的地毯、墙壁和地板材料零售	4753

大类	类别	小类		ISIC 第 4 次修订
		47.54	在专卖店内的家电零售	4759 *
		47.59	家具、照明设备和其他家用物品零售	4759 *
	47.6		零售销售文化娱乐用品	
		47.61	在专卖店内的书籍零售	4761 *
		47.62	零售报纸和文具	4761 *
		47.63	在专卖店内的音乐和视频录制零售	4762
		47.64	在专卖店内的运动器材零售	4763
		47.65	零售游戏机和玩具	4764
	47.7		零售其他商品	
		47.71	在专卖店内的服装零售	4771 *
		47.72	零售鞋类和皮革制品	4771 *
		47.73	专卖店的药剂师	4772 *
		47.74	在专卖店内的医疗和矫形产品零售	4772 *
		47.75	在专卖店内的化妆品及盥洗用品零售	4772 *
		47.76	在专卖店内的花卉、植物、种子、化肥、宠物和宠物食品零售	4773 *
		47.77	在专卖店内的手表和珠宝零售	4773 *
		47.78	在专卖店内的其他新货零售	4773 *
		47.79	二手货商店零售	4774
	47.8		市场摊位零售	
		47.81	市场摊位零售场零售食品、饮料和烟草	4781
		47.82	市场摊位零售纺织品、装和鞋类	4782
		47.89	市场摊位零售其他商品	4789
	47.9		在商店、摊位或市场之外的零售贸易	
		47.91	邮购和网购	4791
		47.99	其他零售	4799
			H-运输和仓储业	
49			管道运输和陆路运输	
	49.1		城际客运轨道交通	
		49.10	城际客运轨道交通	4911
	49.2		铁路货物运输	

大类	类别	小类		ISIC 第 4 次修订
		49.20	铁路货物运输	4912
	49.3		其他陆路客运	
		49.31	城市和郊区陆路客运	4921
		49.32	出租车经营	4922 *
		49.39	未列入其他分类的陆路客运	4922 *
	49.4		货物公路和搬运服务	
		49.41	公路运输货物	4923 *
		49.42	搬运服务	4923 *
	49.5		管道运输	
		49.50	管道运输	4930
50			水上运输	
	50.1		海洋和沿海客运	
		50.10	海洋和沿海客运	5011
	50.2		海洋和沿海货物运输	
		50.20	海洋和沿海货物运输	5012
	50.3		内陆水路客运	
		50.30	内陆水路客运	5021
	50.4		内陆水路货物运输	
		50.40	内陆水路货物运输	5022
51			航空运输	
	51.1		航空运输	
		51.10	航空运输	5110
	51.2		航空货物运输和宇航运输	
		51.21	航空货物运输	5120 *
		51.22	宇航运输	5120 *
52			运输仓储和支持活动	
	52.1		仓储和存储	
		52.10	仓储和存储	5210
	52.2		运输辅助活动	
		52.21	陆路交通辅助活动	5221

大类	类别	小类		ISIC 第 4 次修订
		52.22	水路交通辅助活动	5222
		52.23	航空运输辅助活动	5223
		52.24	货物装卸	5224
		52.29	其他运输辅助活动	5229
53			邮政和快递	
	53.1		普通邮政	
		53.10	普通邮政	5310
	53.2		其他邮政和快递	
		53.20	其他邮政和快递	5320
			I-住宿和餐饮服务业	
55			住宿	
	55.1		酒店和类似住宿	
		55.10	酒店和类似住宿	5510 *
	55.2		度假等短期停留的住宿	
		55.20	度假等短期停留的住宿	5510 *
	55.3		露营地、娱乐车辆和拖车停车场	
		55.30	露营地、娱乐车辆和拖车停车场	5520
	55.9		其他类型住宿	
		55.90	其他类型住宿	5590
56			食物和饮料服务	
	56.1		餐馆和流动食品服务活动	
		56.10	餐馆和流动食品服务活动	5610
	56.2		活动餐饮服务和其他食品服务	
		56.21	活动餐饮服务	5621
		56.29	其他食品服务	5629
	56.3		饮料服务	
		56.30	饮料服务	5630
			J-信息和通信业	
58			出版	
	58.1		图书、期刊和其他印刷品出版	

大类	类别	小类		ISIC 第 4 次修订
		58.11	图书出版	5811
		58.12	目录和邮寄地址印刷	5812
		58.13	报纸出版	5813 *
		58.14	杂志和期刊出版	5813 *
		58.19	其他出版活动	5819
	58.2		软件发布	
		58.21	发布电脑游戏	5820 *
		58.29	发布其他软件	5820 *
59			制作电影、录像和电视节目，录音及音乐出版	
	59.1		电影、录像和电视节目	
		59.11	制作电影，录像和电视节目	5911
		59.12	电影、录像和电视节目的后期制作	5912
		59.13	电影、录像和电视节目的发行活动	5913
		59.14	电影放映	5914
	59.2		录音及音乐出版	
		59.20	录音及音乐出版	5920
60			采编和广播	
	60.1		无线电广播	
		60.10	无线电广播	6010
	60.2		电视节目和广播	
		60.20	电视节目和广播	6020
61			电信	
	61.1		有线电信	
		61.10	有线电信	6110
	61.2		无线电信	
		61.20	无线电信	6120
	61.3		卫星通信	
		61.30	卫星通信	6130
	61.9		其他电信活动	
		61.90	其他电信活动	6190

大类	类别	小类		ISIC 第 4 次修订
62			计算机程序开发、咨询及相关活动	
	62.0		计算机程序开发、咨询及相关活动	
		62.01	计算机编程	6201
		62.02	计算机咨询	6202 *
		62.03	计算机设备管理	6202 *
		62.09	其他信息技术和计算机服务	6209
63			信息服务	
	63.1		数据处理、托管及相关活动，门户网站	
		63.11	数据处理、托管及相关活动	6311
		63.12	门户网站	6312
	63.9		其他信息服务活动	
		63.91	通讯社	6391
		63.99	未列入其他分类的信息服务活动	6399
			K-金融和保险业	
64			除保险和养老基金之外的金融服务	
	64.1		金融中介	
		64.11	中央银行	6411
		64.19	其他银行	6419
	64.2		控股公司	
		64.20	控股公司	6420
	64.3		信托、基金和类似的金融实体	
		64.30	信托、基金和类似的金融实体	6430
	64.9		除保险和养老基金之外的其他金融服务	
		64.91	金融租赁	6491
		64.92	其他信贷	6492
		64.99	除保险及养老基金之外、未列入其他分类的金融服务	6499
65			保险、再保险和养老基金，强制性社会保障除外	
	65.1		保险	
		65.11	人寿保险	6511
		65.12	非寿险	6512

大类	类别	小类		ISIC 第 4 次修订
	65.2		再保险	
		65.20	再保险	6520
	65.3		养老基金	
		65.30	养老基金	6530
66			金融和保险服务的辅助活动	
	66.1		辅助金融服务，除保险及养老基金	
		66.11	管理金融市场	6611
		66.12	安保和大宗商品合同经纪	6612
		66.19	金融服务其他辅助活动，除保险和养老基金	6619
	66.2		保险及养老基金辅助活动	
		66.21	风险和损失评估	6621
		66.22	保险代理人和经纪人	6622
		66.29	保险及养老基金其他辅助活动	6629
	66.3		基金管理	
		66.30	基金管理	6630
			L-房地产业	
68			房地产	
	68.1		买卖自有房地产	
		68.10	买卖自有房地产	6810*
	68.2		租赁和经营自有或租赁房地产	
		68.20	租赁和经营自有或租赁房地产	6810*
	68.3		以收费或合同形式的房地产活动	
		68.31	地产代理	6820*
		68.32	以收费或合同形式管理房地产	6820*
			M-专业活动，科学技术活动	
69			法律和会计	
	69.1		法律活动	
		69.10	法律活动	6910
	69.2		会计、记账和审计，税务咨询服务	
		69.20	会计、记账和审计，税务咨询服务	6920

续表

大类	类别	小类		ISIC 第 4 次修订
70			总部，管理咨询	
	70.1		总部类活动	
		70.10	总部类活动	7010
	70.2		管理咨询活动	
		70.21	公共关系和交流活动	7020 *
		70.22	商业和其他管理咨询活动	7020 *
71			建筑和工程活动，技术测试和分析	
	71.1		建筑、工程活动和相关技术咨询	
		71.11	建筑活动	7110 *
		71.12	工程活动及相关技术咨询	7110 *
	71.2		技术测试和分析	
		71.20	技术测试和分析	7120
72			科研开发	
	72.1		自然科学和工程研究与实验	
		72.11	生物技术研究与实验	7210 *
		72.19	自然科学和工程其他研究与实验	7210 *
	72.2		社会科学和人文科学研究和实验	
		72.20	社会科学和人文科学研究和试验	7220
73			广告及市场研究	
	73.1		广告	
		73.11	广告代理	7310 *
		73.12	媒体代理	7310 *
	73.2		市场研究和民意调查	
		73.20	市场研究和民意调查	7320
74			其他专业活动、科学技术活动	
	74.1		专业设计活动	
		74.10	专业设计活动	7410
	74.2		摄影活动	
		74.20	摄影活动	7420
	74.3		笔译和口译	

大类	类别	小类		ISIC 第 4 次修订
		74.30	笔译和口译	7490 *
	74.9		未列入其他分类的专业活动、科学技术活动	
		74.90	未列入其他分类的专业活动、科学技术活动	7490 *
75			兽医活动	
	75.0		兽医活动	
		75.00	兽医活动	7500
			N-行政和辅助服务活动	
77			出租和租赁活动	
	77.1		汽车租赁	
		77.11	小汽车和轻型汽车租赁	7710 *
		77.12	卡车租赁	7710 *
	77.2		个人和家庭用品租赁	
		77.21	娱乐和运动商品租赁	7721
		77.22	录像带和光盘租赁	7722
		77.29	其他个人及家庭用品租赁	7729
	77.3		其他机械、设备和有形商品租赁	
		77.31	农业机械设备租赁	7730 *
		77.32	建筑和市政工程机械设备租赁	7730
		77.33	办公机械和设备（包括计算机）租赁	7730
		77.34	水上运输设备租赁	7730
		77.35	航空运输设备租赁	7730
		77.39	未列入其他分类的机械、设备和有形商品的制造业的租赁	7730
	77.4		知识产权及类似产品租赁，受版权保护的作品除外	
		77.40	知识产权及类似产品租赁，受版权保护的作品	7740
78			就业	
	78.1		就业安置机构	
		78.10	就业安置机构	7810
	78.2		临时职业介绍	
		78.20	临时职业介绍	7820
	78.3		其他人力资源供给	

大类	类别	小类		ISIC 第 4 次修订
		78.30	其他人力资源供给	7830
79			旅行社、旅游经营者和其他预订服务及相关活动	
	79.1		旅行社和旅游经营者	
		79.11	旅行社	7911
		79.12	旅游经营	7912
	79.9		其他预订服务和相关活动	
		79.90	其他预订服务及相关活动	7990
80			安全和调查活动	
	80.1		私人安全	
		80.10	私人安全	8010
	80.2		安全系统服务	
		80.20	安全系统服务	8020
	80.3		调查活动	
		80.30	调查活动	8030
81			建筑和景观服务活动	
	81.1		综合设施的支持活动	
		81.10	综合设施的支持活动	8110
	81.2		清洁	
		81.21	建筑普通清洁	8121
		81.22	其他建筑和工业清洁活动	8129 *
		81.29	其他清洁活动	8129 *
	81.3		景观服务活动	
		81.30	景观服务活动	8130
82			办公室行政，办公支持和其他商务辅助活动	
	82.1		办公室管理和辅助活动	
		82.11	办公室综合行政服务活动	8211
		82.19	复印、文档和其他专业化办公支持活动	8219
	82.2		呼叫中心	
		82.20	呼叫中心	8220
	82.3		组织会议和展销会	

大类	类别	小类		ISIC 第 4 次修订
		82.30	组织大会和贸易展览	8230
	82.9		未列入其他分类的商业支持服务活动	
		82.91	收债代理和信用机构	8291
		82.92	活动的包装	8292
		82.99	未列入其他分类的商业支持服务活动	8299
84			O-公共管理和国防，强制性社会保障	
			公共管理和国防，强制性社会保障	
	84.1		国家管理，经济和社会政策	
		84.11	一般性公共管理活动	8411
		84.12	医疗保健、教育、文化服务和其他社会服务监管，不包括社会保障	8412
		84.13	对商务有效运作的监管和贡献	8413
	84.2		社会总体服务	
		84.21	外交事务	8421
		84.22	国防活动	8422
		84.23	司法活动	8423 *
		84.24	公共秩序和安全活动	8423 *
		84.25	消防服务活动	8423 *
	84.3		强制性社会保障活动	
		84.30	强制性社会保障活动	8430
85			P-教育	
			教育	
	85.1		学前教育	
		85.10	学前教育	8510 *
	85.2		小学教育	
		85.20	小学教育	8510 *
	85.3		中等教育	
		85.31	普通中等教育	8521
		85.32	技术和职业中学教育	8522
	85.4		高等教育	
		85.41	中学后的非高等教育	8530 *

大类	类别	小类		ISIC 第 4 次修订
		85.42	高等教育	8530 *
	85.5		其他教育	
		85.51	体育和娱乐教育	8541
		85.52	文化教育	8542
		85.53	驾校	8549 *
		85.59	未列入其他分类的教育	8549 *
	85.6		辅助教育活动	
		85.60	辅助教育活动	8550
			Q-人类健康和社会工作活动	
86			人类健康活动	
	86.1		医院活动	
		86.10	医院活动	8610
	86.2		医疗和牙科	
		86.21	全科医疗	8620 *
		86.22	专科医疗	8620 *
		86.23	牙科	8620 *
	86.9		其他健康活动	
		86.90	其他健康活动	8690
87			居民健康服务	
	87.1		居民健康服务	
		87.10	居民健康服务	8710
	87.2		智力缺陷、精神方面、药物滥用健康护理	
		87.20	智力缺陷、精神方面、药物滥用健康护理	8720
	87.3		老年人和残疾人关怀	
		87.30	老年人和残疾人关怀	8730
	87.9		其他照顾活动	
		87.90	其他照顾活动	8790
88			不提供食宿的社会工作活动	
	88.1		为老年人和残疾人提供的社会工作活动，不提供食宿	
		88.10	为老年人和残疾人提供的社会工作活动，不提供食宿	8810

大类	类别	小类		ISIC 第 4 次修订
	88.9		不提供食宿的其他社会工作活动	
		88.91	儿童日托活动	8890 *
		88.99	未列入其他分类的、不提供食宿的其他社会工作活动	8890 *
			R-艺术，娱乐及康乐活动	
90			创意，艺术和娱乐活动	
	90.0		创意，艺术和娱乐活动	
		90.01	表演艺术	9000 *
		90.02	表演艺术的辅助活动	9000 *
		90.03	艺术创作	9000 *
		90.04	艺术设施运行	9000 *
91			图书馆、档案馆、博物馆和其他文化活动	
	91.0		图书馆、档案馆、博物馆和其他文化活动	
		91.01	图书馆和档案馆活动	9101
		91.02	博物馆活动	9102 *
		91.03	历史遗迹、历史建筑和类似的旅游景点的经营	9102 *
		91.04	植物园、动物园和自然保护区	9103
92			赌博和押宝活动	
	92.0		赌博和押宝	
		92.00	赌博和押宝	9200
93			体育活动，娱乐及康乐活动	
	93.1		体育活动	
		93.11	体育设施运行	9311 *
		93.12	体育俱乐部活动	9312
		93.13	健身设施	9311 *
		93.19	其他体育活动	9319
	93.2		娱乐及康乐活动	
		93.21	游乐园和主题公园的活动	9321
		93.29	其他娱乐及康乐活动	9329
			S-其他服务活动	

大类	类别	小类		ISIC 第 4 次修订
94			会员组织活动	
	94.1		商务、雇主、专业会员活动	
		94.11	商务和雇主会员活动	9411
		94.12	专业会员活动	9412
	94.2		工会活动	
		94.20	工会活动	9420
	94.9		其他会员活动	
		94.91	宗教组织活动	9491
		94.92	政治组织活动	9492
		94.99	未列入其他分类的会员组织活动	9499
95			维修电脑、个人及家庭用品	
	95.1		维修计算机和通信设备	
		95.11	维修电脑及其配件	9511
		95.12	维修通信设备	9512
	95.2		维修个人和家庭用品	
		95.21	维修消费电子	9521
		95.22	修理家电、家居和园艺设备	9522
		95.23	维修鞋类和皮革制品	9523
		95.24	维修家具和家居饰品	9524
		95.25	维修手表、钟表和珠宝	9529 *
		95.29	维修其他个人和家庭用品	9529 *
96			其他个人服务活动	
	96.0		其他个人服务活动	
		96.01	纺织品和皮毛制品的洗涤和（干洗）清洁	9601
		96.02	理发和其他美容治疗	9602
		96.03	殡葬及相关活动	9603
		96.04	身体健康活动	9609 *
		96.09	其他个人服务活动	9609 *
			T-家政服务，无差异产品-服务-家庭自用产品的生产活动	
97			家政服务	

大类	类别	小类		ISIC 第 4 次修订
	97.0		家政服务	
		97.00	家政服务	9700
98			无差异产品–服务–家庭自用产品的生产活动	
	98.1		无差异产品–服务–家庭自用产品的生产活动	
		98.10	无差异产品–服务–家庭自用产品的生产活动	9810
	98.2		无差异产品–服务–家庭自用产品的生产活动	
		98.20	无差异产品–服务–家庭自用产品的生产活动	9820
			U–境外组织和机构的活动	
99			境外组织和机构的活动	
	99.0		境外组织和机构的活动	
		99.00	境外组织和机构的活动	9900

注：ISIC 是指国际标准产业分类　＊：部分属于

附录3　EMAS 相关资料网址

EMAS 欧盟官方网址：ec. europa. eu/environment/emas

欧盟 2009 年 EMAS 法规（Regulation（EC）No 1221/2009 of the European Parliament and of the Council of 25 November 2009 on the voluntary participation by organisations in a Community eco-management and audit scheme（EMAS），repealing Regulation（EC）No 761/2001 and Commission Decisions 2001/681/EC and 2006/193/EC）：eur- lex. europa. eu/legal-content/EN/TXT/? uri＝CELEX：32009R1221

欧盟 2013 年 EMAS 使用指南（2013/131/EU：Commission Decision of 4 March 2013 establishing the user's guide setting out the steps needed to participate in EMAS，under Regulation（EC）No 1221/2009 of the European Parliament and of the Council on the voluntary participation by organisations in a Community eco-management and audit scheme（EMAS））：eur- lex. europa. eu/legal-content/EN/TXT/? qid＝1405520310854&uri＝CELEX：32013D0131

欧盟 2011 年 EMAS 全球注册指南（2011/832/EU：Commission Decision of 7 December 2011 concerning a guide on EU corporate registration，third country and global registration under Regulation（EC）No 1221/2009 of the European Parliament and of the Council on the voluntary participation by organisations in a Community eco-management and audit scheme（EMAS）（notified under document C（2011）8896）Text with EEA relevance）：eur- lex. europa. eu/legal-content/EN/TXT/? uri＝CELEX：32009R1221

NACE 编码：ec. europa. eu/competition/mergers/cases/index/nace_all. html

EMAS 常见问题：ec. europa. eu/environment/emas/tools/faq_en. htm

德国 EMAS 标识指南：www. emas. de/fileadmin/user_ upload/06_ service/PDF- Dateien/EMAS-Logo-Guide. pdf

欧盟 2009 年 EMAS 行业参考文件（Sectoral reference documents，SRD）：ec. europa. eu/environment/emas/documents/sectoral_en. html

欧盟 2006 年 EMAS 已注册组织的案例研究：ec. europa. eu/environment/emas/casestudies/index_ en. htm

EMAS 奖项历年获奖名单：ec. europa. eu/environment/emas/emasawards/winners. htm

《舍弗勒公司 2014 年度 EMAS 环境声明》及 EMAS 证书：http：//www. schaeffler. de/content. schaeffler. de/EN/company/environment/e-certificates-awards/e-certificates. jsp

《西班牙里西奥大剧院 2012—2013 财年 EMAS 环境声明》及 EMAS 证书：http：//www. liceubarcelona. cat/en/el-liceu/the-institution/energy-and-environmental-commitment. html

《欧洲中央银行 2015 年度环境报告》：http：//www. ecb. europa. eu/ecb/orga/escb/green/html/index. en. html

《西门子公司巴塞罗那工厂》（财务年度：2013 年 10 月—2014 年 9 月，2015 年发布）及 EMAS 证书：http：//w5. siemens. com/spain/web/es/home/corporacion/certificados_ iso/Pages/certificadosiso. aspx

附录 4　EMAS 法规[*]

I

（依据欧共体条约及欧洲原子能共同体条约须公开发表的法令）

法规

欧洲议会第 1221/2009 号和 2009 年 11 月 25 日欧共体理事会法规：

关于各组织自愿参与生态管理审核体系（EMAS），

废除（EC）761/2001 号法规和欧盟委员会

第 2001/681/EC 号和第 2006/193/EC 号决议

欧洲议会和欧盟理事会根据欧洲共同体的条约，特别是第 175（1）条，根据欧盟委员会的提案、欧洲经济社会委员会的意见[①]，咨询了欧盟地区委员会[②]，按照欧洲共同体条约第 251 条[③]中所规定的程序，

鉴于：

（1）条约第 2 条规定，促进整个欧共体的可持续增长是欧共体的任务之一。

（2）欧洲议会与欧盟理事会于 2002 年 7 月 22 日做出的第 1600/2002/EC 号决议所提议的第六个欧盟环境行动计划[④]，将促进企业合作与改善伙伴关系作为实现环境目标的战略方针，重点是自愿承诺，鼓励广泛参与欧盟生态管理审核体系（EMAS），积极行动起来，发布严格的、经过独立审核的环境报告或可持续发展绩效报告。

---

[*]　根据欧盟第 1221/2009 号法规英文版翻译。

[①]　2009 年 2 月 25 日之意见（尚未公布在官方公报中）。

[②]　2009 年 5 月 28 日出版的官方公报 C 120，第 56 页。

[③]　2009 年 4 月 2 日的欧洲议会意见（尚未公布在官方公报中）和 2009 年 10 月 26 日的欧盟委员会决议。

[④]　2002 年 9 月 10 日出版的官方公报 L 242，第 1 页。

（3）在2007年4月30日的《欧盟委员会通报》中，第六个欧盟环境行动计划中期评估提出，针对工业的自愿类工具尚未充分发挥作用，有必要对其运行方式进行改进。因此，呼吁欧盟委员会修订这些工具，提高工业界的参与度，并减轻他们的行政负担。

（4）在2008年7月16日的《欧盟委员会通报》中，"可持续消费与生产"和"可持续产业政策行动计划"认为，EMAS有助于优化生产流程、降低对环境的影响、提高资源的利用效率。

（5）为了在欧盟委员会层面实现环保法律文书的统一性，欧盟委员会和各成员国应考虑EMAS如何进行注册，无论是对EMAS单独进行立法还是把EMAS作为一个合规措施。为了推行EMAS，应当将EMAS纳入采购政策，在适当情况下，在采购物品和服务时，将EMAS或同等条件的环境管理体系作为合同条件。

（6）欧洲议会第（EC）761/2001号法规第15条和2001年3月19日欧盟理事会法规，允许各组织自愿参与EMAS[①]，欧盟委员会应根据EMAS的运作情况进行评估，并向欧洲议会和欧盟理事会提出相应的修正案。

（7）包括（EC）761/2001号法规所规定的EMAS在内，这些环境管理体系能够有效改善各类组织的环境绩效。为了使环境得到总体改善，需要增加参与组织的数量。为此，应推广该法规的实施经验，让EMAS在改善总体环境绩效中发挥更大作用。

（8）应鼓励所有组织在自愿的基础上参与EMAS，从而在监管控制、成本节约方面获得提升，如果他们都能够展示其环境绩效的改善，还可以获得更好的公众形象。

（9）EMAS适用于欧盟内外所有对环境有影响的组织，并提供管理环境影响、改善总体环境绩效的方法。

（10）应鼓励各类组织（特别是小型组织）参与EMAS，让他们能较为便捷地获取咨询、现有扶持资金、公共机构的支持，制定或推广技术

---

①　2001年4月24日出版的官方公报 L 114，第1页。

措施。

（11）已经实施了其他环境管理体系的组织，如果希望转换至 EMAS，这种转换应尽可能容易实现。还应考虑 EMAS 与其他环境管理体系之间的关联方式。

（12）在一个或多个成员国境内设有场所的组织，如果要对一个以上场所（全部或部分）进行注册，应能够一次注册完成。

（13）为了提高 EMAS 的公信力，应在机制上加强组织的环境合规，同时要降低各成员国已注册组织的行政负担。

（14）EMAS 的实施过程包括所有员工的参与，因为这样能增加工作满意度，丰富其环保知识，这些知识在工作内外都可以使用。

（15）EMAS 标识应成为一个组织极好的传播和营销工具，提高购买者和其他利益相关方对 EMAS 的认知。EMAS 标识的使用规则应简洁，采用单一标识，除了产品和包装的限制条件之外，不应与环保产品标识有任何混淆。

（16）EMAS 的注册成本与费用应当合理，根据组织的规模而定，相关工作将由主管机构来定。在不违背国家援助条约规则的前提下，应对小型组织进行费用豁免或减免。

（17）组织应定期发布环境声明，向公众和其他利益相关方提供环境合规及其环境绩效方面的信息。

（18）为了确保信息的相关性和可比性，环境绩效的报告内容应围绕通用指标和行业指标，包括与工艺和产品相关的环境要素，采用适当的基准和规模。这有助于让组织对比不同报告期间的环境绩效，也可以与其他组织的环境绩效进行对比。

（19）通过成员国之间的信息交流与合作，制定出环境管理最佳实践，以及行业环境绩效指标，作为参考文件，帮助组织更好地专注于本领域最重要的环境因素。

（20）欧洲议会（EC）765/2008 号和 2008 年 7 月 9 日欧盟理事会发布

的法规规定了与产品销售有关的认可和市场监管要求①，制定了国家级和欧洲级认证工作的整体框架。该法规应完善那些目前必需的规则，同时应考虑EMAS 的特点，诸如需要在利益相关方，尤其是成员国具有很高的公信力，在适当情况下，应设置更具体的规则。EMAS 条款应通过提供独立与中立的认证或许可制度、培训和适当的监督，来确保并稳步提高认可机构的能力，从而保证参与 EMAS 的各个组织的透明度和公信力。

（21）当成员国决定不再对 EMAS 进行认可过程时，应采用（EC）765/2008 号法规的第 5（2）款。

（22）各成员国和欧盟委员会应共同承担推广和扶持 EMAS 的行动。

（23）在不损害国家援助条约规则的前提下，如果组织的环境绩效确实得到了改善，各成员国应对已注册组织给予激励措施，如环保方面的资金支持或税收优惠。

（24）为了帮助各组织，特别是小型组织参与 EMAS，各成员国和欧盟委员会应制定并落实具体措施。

（25）为确保实现本法规的统一应用，欧盟委员会应按照优先顺序，制定本法规所涵盖行业的参考资料。

（26）本法规生效后五年内，应根据经验进行适当修订。

（27）本法规取代了（EC）761/2001 号法规，因此废除（EC）761/2001 号法规。

（28）以下法案被本法规取代：欧洲议会和欧盟理事会 2001 年 9 月 7 日发布的第 2001/680/EC 号法规，实施指导的（EC）761/2001 号法规允许各组织自愿参与 EMAS②，2003 年 7 月 10 日欧洲议会和欧盟理事会第 2003/532/EC 号《欧盟委员会建议》实施指导的（EC）761/2001 号法规，批准各组织自愿参与 EMAS，包括择环境绩效指标的选择和使用③。

（29）本法规的目标是创建一个统一的、具有较高可信度的体系，避免

---

① 2008 年 8 月 13 日出版的官方公报 L 218，第 30 页。
② 2001 年 9 月 17 日出版的官方公报 L 247，第 1 页。
③ 2003 年 7 月 23 日出版的官方公报 L 184，第 19 页。

不同国家建立不同的体系，这个目标无法由各成员国完全实现，但从欧共体的规模及影响来看，能够在欧共体这一级别较好地实现，且欧共体可依照条约第 5 条中所规定的辅助性原则采取措施。依据该条款中所规定的均衡原则，本法规不得采用超出实现上述目标所采取的必要措施。

（30）应按照 1999 年 6 月 28 日所发布的第 1999/468/EC 号欧盟理事会决议采取必要措施执行本法规，该决议制定了欧盟委员会行使权力的程序[①]。

（31）应授权欧盟委员会建立认证机构的同行评价程序、制定行业类资料、对符合本法规要求的现有环境管理体系（或部分内容）予以认可，修正附件一至附件八。这些措施属于通用范畴，可以修订非实质性要素。此外，如果增加新的非实质要素，则必须按照第 1999/468/EC 决议第 5a 款中所规定的监管程序予以详细审查。

（32）由于实现本法规的正常运行需要一定时间，因此，自本法规生效之日起，各成员国应在 12 个月内，根据本法规的相应规定，适当调整并确定本国认可机构和主管机构的程序。在这 12 个月内，认证机构和主管机构应有权继续采用根据（EC）761/200 号法规所制定的相关程序。

已采用本法规：

第一章　总则
第 1 条　目的

欧盟生态管理审核体系（EMAS）自此颁布，以下简称为"EMAS"，欧盟内外的组织可自愿参与。

作为"可持续消费与生产"和"可持续工业政策行动计划"的一个重要手段，EMAS 的目的是促进组织环境绩效的持续改善，通过在各组织建立环境管理体系，然后对体系的绩效定期进行系统、客观地评估，发布环境绩效信息，开展与公众和其他利益相关方的公开对话，让员工积极参与，并对

---

① 1999 年 7 月 17 日出版的官方公报 L 184，第 23 页。

员工进行适当培训。

第 2 条　术语定义

本法规采用以下术语定义：

1. 环境方针（Environmental Policy）：与环境绩效相关的计划和方向，由一个组织的最高管理层正式承诺：遵守相关的环境保护法律法规，并持续改进环境绩效。环境方针确定了环境目标、指标和行动的框架。

2. 环境绩效（Environmental Performance）：环境因素管理达到的结果，该结果应当是可衡量的。

3. 合规（Legal Compliance）：全面遵守环境保护法律法规的要求。

4. 环境因素（Environmental Aspect）：在活动、产品或服务中，已经或可能造成环境影响的因素。

5. 重大环境因素（Significant Environmental Aspect）：已经或可能造成重大环境影响的环境因素。

6. 直接环境因素（Direct Environmental Aspect）：与具有直接管理控制权的活动、产品和服务相关的环境因素。

7. 间接环境因素（Indirect Environmental Aspect）：一个组织与第三方之间的互动所产生的环境因素，且该组织对此环境因素具有合理的影响。

8. 环境影响（Environmental Impact）：完全或部分地由一个组织的活动、产品或服务所造成的任何不利或有利的环境变化。

9. 环境初审（或环境评估）（Environmental Review）：对一个组织的活动、产品和服务所产生的环境因素、环境影响和环境绩效进行初步的综合分析。

10. 环境保护行动计划（Environmental Programme）：为了实现环境目标、落实环境指标所采取的措施，或计划采取的措施、承担的责任、采用的方法，以及实现目标和指标的截止日期。

11. 环境目标（Environmental Objective）：组织根据自己的环境方针而设

置的环境保护总体目标，应尽可能量化表示。

12. 环境指标（Environmental Target）：一个组织或一个组织的若干部门对自己的环境目标进行细化分解，从而形成详细的绩效要求，以实现环境目标。

13. 环境管理体系（Environmental Management System）：是管理体系的一个组成部分，包括组织结构、工作内容和计划、职责分工、实际行动、工作步骤、工作流程，以及相应的资源，从而制定、实现、初审和维护环境方针，管理环境因素。

14. 环境管理最佳实践（Best Environmental Management Practice）：在一个行业内实施环境管理体系的最有效方法，该方法在特定经济与技术条件下能产生最佳环境绩效。

15. 实质性变化（Substantial Change）：对一个组织的环境管理体系、环境、人员健康已经或可能造成重大影响的任何变化，包括该组织的运作模式、组织结构、管理、工作流程、活动、产品或服务。

16. 内部环境审核（Internal Environmental Audit）：系统、定期、客观、备案化地评估一个组织的环境保护绩效、环境管理体系与环境保护工作流程。

17. 审核员（Auditor）：隶属于一个单位的个人或群体，或来自外部的自然人或法人，代表该单位对环境管理体系进行评估，判断其环境方针与行动是否一致，是否遵守了相关的环境保护法律法规。

18. 环境声明（Environmental Statement）：一个组织提供给公众和其他利益相关方的综合信息，内容包括：

（a）组织结构与行动。

（b）环境方针和环境管理体系。

（c）环境因素与环境影响。

（d）环境计划、目标与指标。

（e）环境绩效，附件四所列出的环境保护合规情况。

19. 更新的环境声明（Updated Environmental Statement）：一个组织提供

给公众和其他利益相关方的综合信息，包括最新版本的有效环境声明、环境绩效和附件四所列出的合规情况。

20. 环境认证员（或机构）（Environmental Verifier）：

（a）（EC）765/2008 号法规所定义的评估认证机构，以及依照本法规获得认可的协会或团体；

（b）或者依照本法规获得认证和审查资质的任何自然人、法人，以及该类人员的协会或群体。

21. 组织（Organisation）：地处欧共体境内外、自身具有职能和管理的公司、企业、政府部门或机构，也可以是上述组织的一部分或联合体，无论是否为法人团体，无论是公有还是私营。

22. 场所（Site）：位于一定的地理位置，属于一个组织管辖，包括该场所发生活动、提供的产品和服务，包括所有基础设施、设备与材料。场所是可以进行 EMAS 注册的最小实体。

23. 打捆（行业群体或批量）（Cluster）：在一定地理区域范围内的组织、或一批业务相关的相互独立的组织，联合起来实施环境管理体系。

24. 验证（Verification）：由环境认证员进行合规评估，证实一个组织的环境初审、环境方针、环境管理体系和内部环境审核过程是否满足本法规的要求。

25. 审查（Validation）：环境认证员验证一个组织的环境声明和更新的环境声明的可靠性、可信度、正确性以及是否符合本法规要求。

26. 执法机构（Enforcement Authorities）：由各成员国所确定的相关主管机构，旨在发现、预防和查处违反应适用的环境法律法规的行为，并采取相应的执法措施。

27. 环境绩效指标（Environmental Performance Indicator）：用来量化一个组织的环境绩效。

28. 小型组织（Small Organisations）：

（a）2003 年 5 月 6 日所发布第 2003/361/EC 号《欧盟委员会建议》中

所定义的微型、小型与中小型企业^①。

（b）管辖居民人口不足 1 万的地方政府部门，雇员人数少于250 人、年度预算不超过 5000 万欧元、或年度决算不超过 4300 万欧元的其他公共机构，包括以下组织：

（i）政府或其他公共管理部门，国家、区域或地方的公共咨询机构。

（ii）符合国家法律履行公共行政管理职能的自然人或法人，其具体职责、活动或服务与环境相关。

（iii）第（b）项所指会对环境产生影响的机构或人员，具有公共职责或职能，或提供公共服务的自然人或法人。

29. 团体注册（Corporate Registration）：一个组织为其所有或部分场所统一进行注册，这些场所可能分布在一个或多个成员国，也可能位于欧盟之外的国家境内。

30. 认可机构（Accreditation Body）：根据（EC）765/2008 号法规第 4 条所规定的国家认证机构，负责对环境认证员的认可和监督。

31. 许可机构（Licensing Body）：根据（EC）765/2008 号法规第 5（2）款所任命的机构，为环境认证员或机构颁发许可证并对其进行监督。

第二章　组织注册

第 3 条　确定主管机构

1. 成员国境内组织将注册申请提交本国的主管机构。

2. 如果一个组织在一个或多个成员国、或在欧盟之外其他国家境内设有多个场所，可以进行团体注册，提交一个申请即可，涵盖所有申请注册的场所即可。

团体注册申请应提交该组织总部或其 EMAS 注册工作管理中心所在成员国的主管机构。

3. 如果是位于欧共体境外的组织注册、或仅为欧共体境外场所进行团

---

① 2003 年 5 月 20 日出版的官方公报 L 124，第 36 页。

体注册，则组织应依据第 11 条第 1 款第二分段之规定，将注册申请提交给为欧共体境外组织注册的任何一个成员国的主管机构。

这些申请注册的组织要在委托受理注册申请的国家认证或许可的认证人员或机构，对本组织的环境管理体系进行验证与审查。

第 4 条　注册的准备工作

1. 首次注册的组织应做好以下工作：

（a）按照附件一和附件二第 A.3.1 点的要求，对本组织的所有环境因素进行审核；

（b）根据环境初审结果，按照附件二要求建立环境管理体系，尽可能考虑采纳第 46 条第 1 点（a）行业环境管理的最佳实践；

（c）依照附件二第 A.5.5 点和附件三的要求，进行内部审核；

（d）按照附件四的要求，编制环境声明。如果所处行业有第 46 条中所提及的行业最佳实践参考文件，组织的环境绩效评估须予以参考。

2. 各组织可根据第 32 条，在提交注册申请的成员国获得相关帮助。

3. 已经获得第 45 条第 4 款认可的环境管理体系认证的组织，对于本法规认可等效的认证部分，不必重复进行。

4. 组织应提供实物或文件证据，证明遵守了所有适用的环境法律要求。

组织可依据第 32 条或者环境认证机构的规定，从主管部门获取信息。

欧共体之外的组织在注册时，应按照注册申请所在成员国对类似组织的相关环境法律要求，提供相关说明。

如果一个组织所在的行业有第 46 条的行业最佳实践参考文件，则审核认证机构应当在评估该组织的环境绩效过程中考虑其应用行业最佳实践情况。

5. 应当由获得认证或许可的环境认证员对以下方面进行审核：环境初审（或环境评估）、环境管理体系、审核程序、审核过程、环境声明。

第 5 条　申请注册

1. 满足第 4 条要求的任何组织均可申请注册。

2. 申请注册应提交至第 3 条所规定的主管机构，包括以下内容：

（a）通过审核的电子版或印刷版环境声明；

（b）第 25 条第 9 款规定的声明，应当有环境认证员的签字；

（c）按照附件六格式填写的基本信息表；

（d）如果有申请费用的支付证据，请提供该凭证。

3. 申请材料应采用注册申请所在成员国的官方语言（如果官方语言有一种以上，选择其中一种即可）。

第三章　注册后的义务
第 6 条　EMAS 的注册续期

1. 至少每三年办理一次注册续期，要求如下：

（a）有完善的环境管理体系，有审核计划，对审核计划实施情况进行审核；

（b）按照附件四编制环境声明，由环境认证员对环境声明进行审查；

（c）向主管机构提交已通过审查的环境声明；

（d）向主管机构提交附件六的基本信息表；

（e）向主管机构支付注册续期所需的费用（如果适用）。

2. 在不影响上述第 1 款规定的前提下，组织在两次注册期间，每年应做到以下几点：

（a）按照审核计划，根据附件三对自身环境绩效和环境合规情况进行内部审计；

（b）按照附件四编制最新的环境声明，并由环境认证员对最新的环境声明进行审查；

（c）向主管机构提交经过审查的最新版的环境声明；

（d）向主管机构提交附件六所规定的基本信息表；

（e）向主管机构支付维持注册的所需费用（如果适用）。

3. 组织应在获得注册后一个月内和完成注册续期后一个月内，对公众公开环境声明和更新的环境声明。

组织在注册后应提供环境声明和更新的环境声明的访问方式或提供上述环境声明的互联网链接地址。

已注册组织应在附件六的表格中详细说明公众访问环境声明的途径和方式。

第 7 条 针对小型组织的简化

1. 根据小型组织的需要，如果通过了环境认证员的审查，并满足以下所有条件，主管机构应将第 6 条第 1 款中的注册续期由每三年一次调整至每四年一次，将第 6 条第 2 款的工作要求由每年一次调整为每两年一次。前提条件包括：

（a）不存在重大环境风险；

（b）没有第 8 条所定义的实质性变化；

（c）没有对本地造成重大环境问题。

可以使用附件六的表格提交上述申请。

2. 如果未能满足上述第 1 款的条件，主管机构可以驳回其注册工作的简化请求，但应提出明确的驳回理由。

3. 获得第 1 款简化批准的组织，应每年向主管机构提交最新的环境声明，该声明不需要外部认证审查。

第 8 条 实质性变化

1. 已注册组织如果计划进行实质性变化，则组织应对这些改变进行环境因素和环境影响审查。

2. 在完成上述环境审查之后，组织应更新环境审查，修订环境方针、环境规划和环境管理体系，并相应地修订和更新环境声明。

3. 按照上述第 2 款所做的修订和更新文件均应在六个月内完成验证和审查。

4. 通过审查之后，应向主管机构提交附件六的表格，并公开上述改变。

第 9 条　内部环境审核

1. 完成注册后的组织应制定审核计划，确保在三年（如果适用第 7 条所提供的宽限，则为四年）内，所有活动均符合附件三的内部环境审核要求。

2. 审核应由具有审核资格的机构或审核员进行，审核员应具有充分的独立性，以做出客观的判断。

3. 环境审核计划应确定出每次审核的目标或每个审核周期的目标，每个审核活动的审核频次。

4. 在完成每次审核后和每个审核周期结束后，审核员应编制一份书面审核报告。

5. 审核员应将审核结果和结论提交给本组织。

6. 完成审核后，应编制和实施适当的行动计划。

7. 组织应制定相应的机制以确保审核结果得到落实。

第 10 条　EMAS 标识的使用

1. 在不影响第 35 条第 2 款规定的情况下，组织在获得注册后可以使用附件五 EMAS 标识，只能在注册有效期间内使用。

标识应始终带有注册号。

2. 应按照附件五技术规定使用 EMAS 标识。

3. 如果某个组织在注册时，依据第 3 条第 2 款选择的是不包括其所有场所，在与公众交流以及使用 EMAS 标识时，应明确出已经注册的场所分别是哪些。

4. 不得使用 EMAS 标识的场所：

（a）产品或产品包装；

（b）在活动或服务的对比宣传中，或可能会与环保产品标识产生混淆时。

5. 已注册组织发布任何环境信息均可以带有 EMAS 标识，只要上述信息参照其最新版的环境声明，且环境认证员已审查最新版的环境声明符合以下条件：

(a) 是准确的；

(b) 属实且可验证；

(c) 用在相关、适当的语境中；

(d) 代表该组织整体环境绩效；

(e) 不可能导致误解；

(f) 与整体环境影响密切相关。

第四章　关于主管机构的规定

第 11 条　主管机构的指定与作用

1. 各成员国应依照本法规指定主管机构，负责位于欧共体境内组织的注册。

各成员国可依照本法规规定，由指定的主管机构为欧共体境外的组织提供注册服务。

主管机构应管理和维护组织的登记与维护，包括注册中止与注销。

2. 主管机构可以是国家级、区域级或地方级的。

3. 主管机构应保证独立性与中立性。

4. 为了能够妥善地执行任务，主管机构应当拥有适当的资源，包括财力和人力。

5. 主管机构应采取一致的方式应用本法规，且应按第 17 条的规定定期参与同行评估。

第 12 条　注册职责

1. 主管机构应制定注册工作流程，特别是以下几方面的规则：

(a) 对于正在申请注册或已注册的组织，应考虑允许认证机构、许可机构、主管执行部门和该组织的代表机构等各方的意见；

(b) 注册的驳回，注册资格的中止与注销；

（c）解决那些针对主管机构决定的申诉和投诉。

2. 主管机构应建立并维护在其成员国境内注册的组织的注册簿，里面包括如何能够获得已注册组织的环境声明或最新版环境声明，应每月更新注册簿的变化情况。

注册簿应在网站上公开。

3. 主管机构应直接或经由成员国所指定的国家主管部门，每月向欧盟委员会报送上面第 2 款的注册簿的变化情况。

第 13 条　组织注册

1. 主管机构应按照为上述程序考虑组织的注册申请。

2. 一个组织的注册申请满足以下所有条件后，主管机构应予以注册并给予其一个注册号码：

（a）主管机构已经收到包括第 5 条第 2 款（a）项至（d）项中所有文件在内的注册申请；

（b）经主管机构检查确认，该组织已经依照第 25 条、第 26 条和第 27 条规定完成了相应的验证与审查；

（c）主管机构收到符合要求的实物证据，例如，主管执法机关提供的书面报告，证明不存在违反环境法律的行为；

（d）没有各方的相关投诉，或相关投诉已妥善解决；

（e）主管机构收到的证据符合本法规的所有要求；

（f）主管机构已经收到了注册费（如果适用）。

3. 完成注册后，主管机构应通知该组织，并提供注册号和 EMAS 标识。

4. 如果主管机构的结论是提交申请的组织不符合第 2 款的要求，则主管机构应驳回其注册并告知驳回理由。

5. 如果认证或许可机构书面监督报告表明，环境认证员的活动不足以确保提交申请的组织满足本法规要求，则主管机构应驳回该组织的注册申请。主管机构应邀请组织提交新的注册申请。

6. 若驳回注册申请，主管机构应咨询有关各方（包括提交申请的组织）

的意见，以获得必要的证据。

第 14 条　注册续期

1. 如果满足以下所有条件，主管机构应予以注册续期：

（a）主管机构已经收到第 6 条第 1 款（c）项审查后的环境声明，第 6 条第 2 款（c）项审查后的更新的环境声明或第 7 条第 3 款审查后的更新的环境声明；

（b）主管机构收到填写完整的表格，至少包括第 6 条第 1 款（d）项和第 6 条第 2 款（d）项中要求的附件六基本信息；

（c）主管机构无证据证明第 25 条、第 26 条和第 27 条的相应验证与审查工作未完成；

（d）主管机构并无证据证明该组织未能遵守环境相关法律；

（e）并不存在来自有关各方的投诉或投诉均已妥善解决；

（f）主管机构基于已收到的证据，认定该组织满足了本法规的所有要求；

（g）主管机构已经收到了注册续期费用（如果适用）。

2. 主管机构应告知组织其注册已经续期。

第 15 条　注册簿中组织资格的中止与注销

1. 如果主管机构认为某个已注册组织并不符合本法规要求，主管机构应给予该组织就此进行解释的机会。如果该组织未能提供合格的答复，则其注册资格将在注册簿中予以注销或中止。

2. 如果主管机构从认证机构或许可机构收到的书面监督报告表明，环境认证员所执行的活动不满足已注册组织符合本法规要求，则中止该组织的注册。

3. 主管机构要求已注册组织提供以下文件时，如果组织未能在两个月内提交以下任何文件，视具体情况而定，中止或注销其注册资格：

（a）审查通过的环境声明、更新的环境声明或第 25 条第 9 款的签署声明；

（b）附件六所规定的最基本信息。

4. 如果主管机构经由主管执法机关的书面报告，获知该组织违反了环境相关的任何适用法律，则应视具体情况而定，中止或注销该组织的注册资格。

5. 主管机构可以根据以下几方面决定中止或注销注册：

（a）该组织因不遵守本法规要求而造成的环境影响；

（b）该组织不遵守本法规要求的可能程度，或导致该组织不遵守本法规要求的因素；

（c）该组织有不遵守本法规要求的先例；

（d）该组织的具体情况。

6. 主管机构决定从注册簿中中止或注销注册前，应征求该组织及有关各方的意见，获得必要证据。

7. 除了认证机构或许可机构所提供的书面监督报告，如果主管机构收到相关证据表明，环境认证员所执行的活动不足以确保组织能够满足本法规要求，则主管机构应咨询上述环境认证员的上级认证机构或许可机构的意见。

8. 主管机构对采取的任何措施均应说明理由。

9. 主管机构咨询有关各方的意见，应向组织提供适当的信息。

10. 如果主管机构收到足以证明组织符合本法规要求的相关信息，则应将其注册资格中止予以解除。

第 16 条　主管机构论坛

1. 来自所有成员国的主管机构应设立论坛，以下简称为"主管机构论坛"，每年至少召开一次会议，应有欧盟委员会代表出席。

主管机构论坛应当有一定的流程和规则。

2. 每个成员的主管机构都应参与主管机构论坛。如果一个成员国设有多个主管机构，则应采取适当措施确保所有主管机构均能获得该论坛的信息。

3. 主管机构论坛应依照本法规制定指导方针，以确保组织注册程序的一致性，注册程序包括所有组织的注册续期、注册簿中的资格中止和注销。

主管机构论坛应向欧盟委员会发送指导文件和有关同行评估的文件。

4. 主管机构论坛所批准的有关程序一致性的指导性文件应由欧盟委员会起草，并依照第 49 条第 3 款的监管程序予以采用。

这些文件应向公众公开。

第 17 条　主管机构的同行评估

1. 同行评估应当由主管机构论坛组织，目的是为了评估各主管机构的注册系统是否符合本法规规定，并制定统一的注册方法。

2. 同行评估应定期进行，至少每四年一次，按照本法规第 12 条、第 13 条和第 15 条规定的规则与程序进行评估，所有主管机构都应参与。

3. 欧盟委员会应制定同行评估的执行程序，包括针对同行评估结果进行适当申诉的程序。

修订本法规中的非基本要素，应符合第 49 条 3 第款严格监管程序的要求。

4. 上述第 3 款的程序应在第一次同行评估之前制定出来。

5. 主管机构论坛应向欧盟委员会和根据第 49 条第 1 款设立的 EMAS 工作委员会提交同行评估的定期报告。

该报告应在获得主管机构论坛和上述组委员的批准后，向公众公开。

第五章　环境认证员
第 18 条　环境认证员的任务

1. 环境认证员应评估某个组织的环境初审情况、环境方针、环境管理体系、环境审核程序及执行情况是否符合本法规要求。

2. 环境认证员应审核以下内容：

（a）环境初审、环境管理体系、环境审核及其结果、环境声明或更新的环境声明，以确定组织是否遵守了本法规的所有要求；

（b）组织是否遵守了欧共体、国家、区域和地方环境相关的法律要求；

（c）组织是否持续改进环境绩效；

（d）以下文件中数据与信息的可靠性、公信力和正确性：

（Ⅰ）环境声明；

（Ⅱ）更新的环境声明；

（Ⅲ）需要审查的任何环境信息。

3. 环境认证员的工作重点是环境审查、环境审核及其他相关程序的适宜性，如无必要，这些程序的具体内容无需重复进行。

4. 环境认证员应审查内部审核结果的可靠性，应进行适当的抽查。

5. 在审核注册准备工作时，环境认证员应至少检查该组织是否满足了以下要求：

（a）已具备附件二所规定的全面运作的环境管理体系；

（b）已具备附件三所规定的全面规划的审核计划，并且审核计划已经启用，至少涵盖最重大的环境影响；

（c）已经完成附件二 A 部分的管理审查；

（d）已经依照附件四完成编制环境声明，如果有行业最佳实践，是否已在编制过程中采用。

6. 根据第 6 条第 1 款的注册续期核查要求，应检查以下方面：

（a）组织已经具备了附件二所规定的完善的环境管理体系；

（b）组织已经具备了附件三所规定的一个可行的审核计划，且至少已经完成一个审核周期；

（c）组织已经完成一次管理审查；

（d）组织已经依照附件四编制了环境声明，如果有行业文件，是否已在编制过程中采用。

7. 根据第 6 条第 2 款的注册续期验证要求，环境认证员应检查以下方面：

（a）组织已经按照附件三完成了环境绩效的内部审计，遵守了环境相关的法律；

（b）组织提供了其持续遵守环境法律和持续改进环境绩效的证据证明；

（c）组织已经按照附件四编制了更新的环境声明，且在编制过程中采用了行业文件。

第 19 条　验证频次

1. 环境认证员应与组织协商确定验证计划，确保第 4 条、第 5 条和第 6 条的注册和续期所有要素均得到审核。

2. 环境认证员应定期（不超过 12 个月）验证环境声明或更新的环境声明中的任何更新内容。

如果适用，可采用第 7 条的时限宽限。

第 20 条　对环境认证员的要求

1. 为了获得本法规所规定的环境认证员资格验证或许可证，候选人向资格审查机构或许可机构提出申请。

该申请应按照（EC）1893/2006 号法规①中的经济活动分类，详细说明所申请的验证或许可工作范围。

2. 环境认证员应向认证机构或许可机构提供适当证据，证明与所申请的资格相关的知识、经验和技术能力，主要包括以下方面：

（a）本法规；

（b）环境管理体系总体情况；

（c）根据第 46 条规定，欧盟委员会发布的相关行业参考文件；

（d）与验证和审查有关的法规、监管和行政管理要求；

（e）环境因素与环境影响，可持续性发展中的环境方面；

（f）与环境问题有关的验证与审查技术；

---

① 2006 年 12 月 20 日发布的欧洲议会和欧盟理事会关于建立经济活动统计分类 NACE 第 2 版的（EC）1893/2006 号法规（出版于 2006 年 12 月 30 日的官方公报 L 393，第 1 页）。

（g）评估管理体系适用性方面的验证与审查，产品、服务和经营对环境的影响，至少包括以下方面：

（i）组织所采用的技术；

（ii）所使用的专业术语和工具；

（iii）运营活动及其环境影响特点；

（iv）重大环境因素评估方法；

（v）污染控制和减排技术；

（h）环境审核要求和方法：从事环境管理体系验证审核的能力、鉴定审核结果与结论的准确性、审核报告的编制与陈述（口头或书面形式），并形成验证审核的清晰记录；

（i）信息审核，针对环境声明和更新的环境声明，包括：数据管理，数据存储与处理，使用假设和估计以文字和图的形式显示可能存在错误的数据；

（j）产品与服务的环境方面，使用过程和使用后相关的环境因素和环境绩效，用于环境决策的数据完整性。

3. 环境认证员应提供证据，证明其专业能力符合上述第2款要求，并在行业领域内将持续发展，以通过认证机构或许可机构的评估。

4. 环境认证员应是独立的外部第三方，特别是作为组织的审核员或顾问，能够公正客观地从事相关活动。

5. 环境认证员应确保其在开展验证活动时，未遭受可能影响其判断力、或判断的独立性与正直性的任何商业、财政或其他方面压力。环境认证员应确保其遵守与此相关的任何规则。

6. 为了符合本法规的验证和审查要求，环境认证员应具备书面的工作方法与程序，包括质量控制机制和保密规定。

7. 某个组织如果担任了环境认证员，应保存详细说明内部结构与职责的组织结构图，以及包括合法地位、所有权和资金来源的一份声明。

组织结构图应根据要求对外提供。

8. 环境认证员获得验证或特许之前，需要通过认证机构或许可机构评估；获得验证后，需要接受认证机构或许可机构的监督，确保环境认证员符合要求。

第 21 条　对单独从事验证与审查的自然人环境认证员的附加要求

除遵守第 20 条中的规定外，对担任环境认证员且单独执行验证与审查的自然人还有以下要求：

（a）具有在其许可领域内验证与审查的所有必要能力；

（b）根据个人能力确定许可范围。

第 22 条　对在第三国环境认证员的附加要求

1. 如果环境认证员打算在第三国进行验证与审查，应获得该第三国的资格验证或许可。

2. 为了获得第三国的资格验证或许可证，除满足第 20 条和第 21 条要求外，还应满足以下要求：

（a）熟悉了解第三国资格验证或许可方面相关的环境法规、监管和行政管理要求；

（b）熟悉了解资格验证或许可的第三国的官方语言。

3. 如果环境认证员能够提供证明，满足上述要求，与有资格的人员或组织的合同关系证明，则上述第 2 款的要求应视为已满足。

该人员或组织应独立于验证审核的组织。

第 23 条　环境认证员的监督

1. 监督环境认证员的验证与审查活动：

（a）在其获得资格验证或许可的成员国境内，应由授予资格的认证或许可机构进行监督；

（b）在第三国境内，应由授予环境认证员资格的认证机构或许可机构进行监督；

（c）环境认证员在获得资格国家之外的欧盟成员国进行验证，应由验证活动发生所在的成员国的认证机构或许可机构进行监督。

2. 在成员国境内进行验证工作，环境认证员应至少提前四个星期将资格详细信息、验证工作的时间与地点告知负责监督的认证机构或许可机构。

3. 如果有影响资格范围的任何变化，环境认证员应立即将变化情况通知授予资格的认证机构或许可机构。

4. 认证机构或许可机构应定期（最长不超过 24 个月）制定相关规定，以确保环境认证员符合验证或许可的要求，对其工作质量进行持续监督。

5. 监督内容包括日常审核、内部现场监督、问卷调查、最新审查的环境声明及其审查报告。

监督应与环境认证员的工作量成比例。

6. 在验证与审查过程中，各组织必须允许认证机构或许可机构监督环境认证员。

7. 认证机构或许可机构所做出的关于终止或暂停验证或许可资格、限定验证或许可范围的决定，只能在环境认证员获得听证会机会之后做出。

8. 如果负责监督的认证机构或许可机构认为环境认证员的工作质量不符合本法规要求，应将书面监督报告交给此环境认证员，以及负责组织注册的主管机构。

如果存在任何进一步争议，应将监督报告提交至第 30 条的认证机构与许可机构论坛。

第 24 条　对环境认证员在验证或许可颁发成员国之外的成员国境内履行职能的其他监督要求

1. 在一个成员国获得验证或许可的环境认证员，若在另一个成员国进行验证与审查工作，应至少提前四个星期将以下信息通知给那个成员国的认可机构或环境认证员特许机构：

（a）资格验证或许可证的详细信息，能力证明，特别是环境法规的熟悉程度和工作所在国家官方语言能力，以及工作团队成员名单（如果是工作团队）；

（b）验证与审查工作的时间、地点；

（c）审核组织所在地址与联系方式。

上述内容应在每项验证与审查工作进行之前提供。

2. 认证机构或许可机构有权了解环境认证员对环境法规的熟悉程度。

3. 认证机构或许可机构可以规定本条第 1 款之外的要求，前提是这些要求不会损害环境认证员在其资格颁发国以外的成员国境内提供服务的权利。

4. 认证机构或许可机构不可使用本条第 1 款的程序来耽延环境认证员的行程。如果认证机构或许可机构在环境认证员依据第 1 款（b）项所提出的工作时间之前，无法完成第 2 款和第 3 款所规定的任务，应给环境认证员一个合理的理由。

5. 认证机构或许可机构不得对通知和监督收取任何歧视性费用。

6. 如果认证机构或许可机构在监督过程中认为环境认证员的工作质量不符合本法规要求，则应将书面监督报告交给有关的环境认证员、授予其审核资格的机构，和负责组织注册的主管机构。如果存在任何争议，应将监督报告提交至第 30 条的认证机构与许可机构论坛。

第 25 条　验证与审查的条件

1. 环境认证员应在验证或许可的范围内，根据与需要审核的组织签订的书面协议，进行验证与审查。

协议内容应包括：

（a）详细的工作范围；

（b）相关条件的详细说明，使得环境认证员能够独立、专业地开展工作；

（c）组织承诺提供必要的合作。

2. 环境认证员应确保组织内各部分的界限清晰，且都有对应的负责部分。

环境声明应明确验证或审查的具体部分。

3. 环境认证员应按第 18 条规定的内容进行评估。

4. 环境认证员应审查文档、走访组织的现场、进行现场检查、访谈工作人员，作为验证与审查的工作内容。

5. 在环境认证员进行现场走访之前，组织应向环境认证员提供基本信息、环境方针与规划、环境管理体系及运行情况、已完成的环境评审或审核、审核报告、已采取的改正措施，环境声明（草稿）或更新的环境声明。

6. 环境认证员应就验证结果，编制书面报告，详细说明以下内容：

（a）环境认证员完成的所有工作事项；

（b）本法规要求的所有合规性描述，包括支持证据、调查结果和结论；

（c）将组织先前的环境声明、环境绩效评估结果、持续环境绩效改进评估结果三者进行比较；

（d）还可以包括环境评估的技术缺陷、审核方法、环境管理体系或其他工作流程。

7. 如果有不符合项，报告应予以详细说明：

（a）关于不合规的调查结果与结论，支撑不合规的证据；

（b）环境声明（草稿）与更新的环境声明之间存在分歧的，应在环境声明或更新的环境声明中进行修订或补充。

8. 环境认证员应审查组织的环境声明或更新的环境声明，确认其是否满足本法规要求，前提条件是验证与审查的结果能够证实以下方面：

（a）环境声明或更新的环境声明中的信息与数据可靠、正确，符合本法规要求；

（b）没有证据表明组织不符合环境法律要求。

9. 在完成审查之后，环境认证员应出具附件七的签字声明，表明验证与审查活动是依照本法规进行的。

10. 在一个成员国境内获得资格的环境认证员，可按照本法规的要求，在其他成员国内进行验证与审查活动。

验证或审查应受到活动所在成员国认证机构或许可机构的监督。按照第 24 条第 1 款的时间要求，将活动的开始时间通知给上述认证机构或许可机构。

第 26 条　小型组织的验证与审查

1. 在验证与审查时，环境认证员应考虑到小型组织的以下特点：

（a）报告流程短；

（b）员工一职多能；

（c）在职培训；

（d）迅速适应环境变化的能力；

（e）工作程序文档数量有限。

2. 环境认证员的验证与审查方式不应对小型组织施加不必要的负担。

3. 环境认证员应考虑系统有效运行的客观证据，包括与组织规模和复杂度相匹配的内部工作程序、环境影响的性质、运营者的能力。

第 27 条　在第三国境内进行验证与审查的条件

1. 在成员国境内获得验证或许可的环境认证员，可以按照本法规规定，对位于第三国境内的组织进行验证与审查。

2. 在第三国进行验证与审查之前，环境认证员应至少提前六个星期将详细的资格验证信息、验证与审查工作的时间与地点，告知负责组织注册的成员国认证机构或许可机构。

3. 验证与审查活动应受到授予环境认证员资格的成员国的认证机构或许可机构的监督。按照上述第 2 款规定，将开始时间通知给上述认证机构或许可机构。

第六章　认证机构和许可机构
第 28 条　认证与许可的操作流程

1. 各成员国根据（EC）765/2008 号法规第 4 条规定所任命的认证机构应负责环境认证员的资格认证和依据本法规工作的监督。

2. 各成员国可依据（EC）765/2008 号法规第 5（2）款规定任命许可

机构，负责向环境认证员发放许可证并监督。

3. 各成员国可以不允许自然人作为环境认证员。

4. 认证机构和许可机构应根据第 20 条、第 21 条和第 22 条的规定范围和要素，对环境认证员的能力进行评估。

5. 环境认证员的认证或许可范围应按照（EC）1893/2006 号法规的经济活动分类进行划分。该范围限定于环境认证员的能力范围之内，且适当考虑活动的规模和复杂性。

6. 认证机构和许可机构应建立适当的程序，包括：环境认证员的资格验证或许可，资格认证或许可证的驳回、中止、撤销，环境认证员的监督。

上述程序应考虑有关各方予以观察的机制，包括主管机构、组织代表机构，正在申请和已获得资格的环境认证员。

7. 认证机构或许可机构如果驳回资格认证或许可申请，应决定理由告知环境认证员。

8. 认证机构或许可机构应建立、修改和更新环境认证员名单和他们在各自成员国境内的工作范围清单，每月进行更新，并将更新结果直接提交至欧盟委员会和本国主管机构或经由国家主管部门提交欧盟委员会。

9. 在（EC）765/2008 号法规第 5（3）款所规定的活动监控规则与程序的框架内，如果认证机构和许可机构认定有出现下列情况，则应与有关环境认证员协商，然后起草监督报告：

（a）环境认证员的工作不足以保证组织能够符合本法规的要求；

（b）环境认证员所进行的验证与审查违反了本法规的一项或多项要求。

此报告应交至负责组织注册的成员国主管机构，如果取得注册资格，可以转交至授予环境认证员资格的认证机构或许可机构。

第 29 条　认证或许可资格的中止与撤销

1. 认证或许可资格的中止与撤销应咨询包括环境认证员在内的有关各方的意见，为最终决定提供必要证据。

2. 认证机构或许可机构应将采取措施的原因告知环境认证员，可以告知与主管执法部门的讨论过程。

3. 根据环境认证员违反法律要求的性质与范围，在获得确实证据后，方可中止或撤销其资格证。

4. 如果认证机构或许可机构收到足以证明环境认证员符合本法规要求的相关信息，则应解除其资格的中止。

第 30 条 认证机构和许可机构论坛

1. 来自所有成员国的认证机构和许可机构应设立论坛，以下称为"认证机构和许可机构论坛"，并每年至少召开一次会议，该会议应有欧盟委员会代表出席。

2. 认证机构和许可机构论坛的任务应确保以下程序的一致性：

（a）根据本法规进行的环境认证员的资格认证或许可，包括驳回、中止和撤销；

（b）监督已获得资格的环境认证员的活动。

3. 认证机构和许可机构论坛应就认证机构与许可机构权限方面的问题制定相应指南。

4. 认证机构和许可机构论坛应有议事规则和程序。

5. 上述第 3 款的指南和第 4 款的议事规则与程序应提交至欧盟委员会。

6. 认证机构和许可机构论坛所批准的有关程序一致性的指导性文件，应由欧盟委员会酌情起草，遵守第 49 条第 3 款的严格监管程序。

这些文件应向公众公开。

第 31 条 认证机构和许可机构的同行评估

1. 有关环境认证员认证和许可的同行评估应由认证机构和许可机构论坛组织，定期进行评估，至少每四年一次，应包括第 28 条和第 29 条所规定的规则与程序评估。

所有认证机构和许可机构应参与同行评估。

2. 认证机构和许可机构论坛应向欧盟委员会和根据第 49 条第 1 款设立

的组委员提交同行评估的定期报告。

该报告应在获得认证机构和许可机构论坛和上述组委员批准之后，向公众公开。

第七章 成员国的适用规则

第32条 对遵守环境相关的法律要求的各个组织的援助

1. 各成员国应确保各组织能够获得本国的环境法规信息和帮助。

2. 帮助内容应包括：

（a）环境法规要求；

（b）执法部门的确认，即环境法规有效适用。

3. 各成员国可将第1款和第2款的任务委托给主管机构或能够完成任务的任何其他机构，那些机构应具备必要专业知识与适当资源。

4. 各成员国应确保执法部门要答复属于他们职权范围内的环境法规方面的外部请求，至少答复小型组织的请求，以指导组织合规。

5. 如果已注册组织未能遵守环境法规，各成员国应确保主管执法部门将此情况告知负责该组织注册的主管机构。

主管执法机关应在其得知上述违规行为后，尽快通知有关主管机构，最长不得超过一个月。

第33条 EMAS 的推广

1. 各成员国应与主管机构、执法部门和其他利益相关方协力推广EMAS，并考虑第34条至第38条中的各种活动。

2. 为此，各成员国可制定推广策略，并应定期修订。

第34条 信息

1. 各成员国应采取适当措施，提供以下信息：

（a）将 EMAS 的宗旨和主要内容提供给公众；

（b）将本法规内容提供给各个组织。

2. 各成员国应在适当情况下，使用专业刊物、本地期刊、推广活动或任何其他手段提升人们对 EMAS 的认知度。

各成员国之间可在特定情况下合作，与行业协会、消费者组织、环保组织、商贸团体、地方机构以及其他利益相关方等进行合作。

第 35 条　推广活动

1. 各成员国应开展 EMAS 的推广活动，可包括以下活动：

（a）在所有相关各方之间推广 EMAS 知识、交流最佳实践；

（b）开发用于 EMAS 推广的有效工具，并与分享这些工具；

（c）为 EMAS 相关营销活动提供技术支持；

（d）鼓励组织间进行 EMAS 推广合作。

2. 主管机构、许可机构、认证员特许机构、国家主管部门和其他利益相关方在与 EMAS 有关的营销与推广中，可以使用不带有注册号的 EMAS 标识，不建议使用附件五规定的标识，因为用户未注册。

第 36 条　推动小型组织的参与

各成员国应采取适当措施，鼓励小型组织的参与，特别是以下措施：

（a）为小型组织提供获取信息与专项扶持资金的便利；

（b）注册费用合理；

（c）技术援助措施推广。

第 37 条　打捆（行业群体或批量）和循序渐进的方式

1. 各成员国应鼓励地方当局在行业协会、商会与其他有关各方的参与下，向行业群体提供特殊援助，使他们得以满足第 4 条、第 5 条和第 6 条的打捆（行业群体或批量）注册要求。

行业群体中的每个组织应单独注册。

2. 各成员国应鼓励各个组织实施环境管理体系。特别应鼓励采取循序渐进的方式，完成 EMAS 的注册。

3. 根据第 1 款和第 2 款所建立的环境管理体系运营，应避免让参与者产生不必要的成本，尤其是小型组织。

第 38 条　生态管理审核体系和欧共体的其他政策措施

1. 在不影响欧共体法规的前提下，各成员国应根据本法规从以下几方面考虑 EMAS 的注册：

（a）纳入新法规的制定中；

（b）用作法规实施工具；

（c）纳入公共采购中。

2. 在不影响欧共体法规，特别是竞争、税收和国家补助法规的前提下，各成员国应适当采取措施，促进各个组织注册 EMAS 以及保持注册资格。

特别是采取以下措施：

（a）政策放松，经主管部门确认，已注册组织视为符合其他法规措施中特定的环保相关要求；

（b）优化监管，修订其他法规措施，解除、减少或简化组织参与 EMAS 的负担，鼓励市场的有效运作，提升竞争力水平。

第 39 条　费用

1. 各成员国可适当收取以下相应费用：

（a）各成员国根据第 32 条规定，为对提供信息和帮助机构的成本可以进行收费，无论那些机构是指定的还是为此目的成立的；

（b）与环境认证员的认证、许可和监督有关的成本；

（c）主管机构对注册、注册续期、注册资格中止与注销的相关成本进行收费，处理欧共体范围外组织的其他行政管理成本。

这些费用不得超过合理的数额，且应与组织的规模和工作量相对应。

2. 各成员国应确保组织了解其所有应交费用。

第 40 条　处理不合规情形

1. 各成员国应针对不遵守本法规的情况，采取适当的法律或行政措施。

2. 各成员国应就违反 EMAS 标识规则的情况，制定有效的管理措施。

根据欧洲议会 2005 年 5 月 11 日发布的法规和欧盟理事会 2005/29/EC 指令的规定，可以在国内市场使用企业对消费者不公平商业方面的规定①。

第 41 条　提交至欧盟委员会的信息和报告

1. 各成员国应将与主管机构、认证机构与许可机构的运行结构与程序提供给欧盟委员会，且应在适当情况下进行更新。

2. 各成员国应每两年向欧盟委员会报告根据本法规所采取措施的情况。

在这些报告中，各成员应考虑欧盟委员会依据第 47 条规定提交给欧洲议会和欧盟理事会的最新报告。

第八章　欧盟委员会的适用规则
第 42 条　信息

1. 欧盟委员会应：

（a）向公众提供 EMAS 目标和主要内容方面的信息；

（b）向各个组织提供有关本法规内容的信息。

2. 欧盟委员会应维护并公开以下信息：

（a）环境认证员和已注册组织的注册簿；

（b）电子版的环境声明数据库；

（c）EMAS 最佳实践数据库，特别是用于 EMAS 推广的有效工具和技术支持范例；

（d）欧共体对 EMAS 实施项目的扶持资金清单。

第 43 条　合作与协调

1. 欧盟委员会应适当促进各成员国之间的合作，尤其是在欧共体规则的统一与一致应用方面，包括：

---

① 2005 年 6 月 11 日出版的官方公报 L 149，第 22 页。

（a）注册；

（b）环境认证员；

（c）第 32 条中所提及的信息与帮助。

2. 在不影响欧共体公共采购法规的前提下，欧盟委员会和其他欧共体机构应在适当情况下，将 EMAS 或第 45 条规定的其他等效环境管理体系作为工程与服务采购合同的履约条件。

第 44 条　EMAS 与欧共体其他政策措施的整合

在 EMAS 注册方面，欧盟委员会应考虑以下几点：

1. 在制定新法规和修订现有法规过程中考虑 EMAS，特别是第 38 条第 2 款的政策放松和优化监管；

2. 将 EMAS 作为法规执行过程中的工具。

第 45 条　与其他环境管理体系之间的关系

1. 如果现有的环境管理体系全部或部分内容符合本法规要求，各成员国可向欧盟委员会提出书面请求，在国家或地方层面认可此环境管理体系或其中部分内容，作为符合本法规的同等相关依据。

2. 各成员国应在书面请求中详细说明该同等环境管理体系的全部或部分是如何符合本法规要求的。

3. 成员国应提供证据，表明这个同等的环境管理体系或其部分内容是如何符合本法规要求的。

4. 欧盟委员会审查第 1 款的书面请求后，如果认为该成员国已经完成以下任务，则应按第 49 条第 2 款的咨询程序，认可所申请环境管理体系的相关内容，同意以及相应的验证或许可程序：

（a）在申请中充分详细说明环境管理体系相关部分以及与本法规要求的对应关系；

（b）提供充分的证据，证明环境管理体系全部或部分具有满足本法规要求的同等效果。

5. 欧盟委员会应在欧盟官方公报中发布已获认可的环境管理体系相关信息，包括附件一适用于 EMAS 的同等相关内容，以及相对应的验证或许可要求。

第 46 条　制定参考文件和指南

1. 欧盟委员会应与各成员国和其他利益相关方协商，制定行业参考文件，其中应包括：

（a）环境管理最佳实践；

（b）分行业的环境绩效指标；

（c）必要时还应制定优秀环境绩效的标准和评级体系。

欧盟委员会还可制定跨行业使用的参考文件。

2. 对于根据欧共体其他环境政策措施或国际标准所制定的现有参考文件和环境绩效指标，欧盟委员会应予以考虑。

3. 欧盟委员会应在 2010 年年底之前制定工作路线图，确定出分行业的指导名录，指导行业与跨行业的参考类文件。

工作路线图应向公众公开并定期更新。

4. 欧盟委员会应与主管机构论坛配合制定一个指南，供欧共体外的组织注册使用。

5. 欧盟委员会应出版用户指南，介绍 EMAS 的实施步骤。

该指南应提供欧盟所有官方语言版本，并在网站上公布。

6. 按照第 1 款与第 4 款制定的文件应提交审议并通过。修订本法规非实质要素的措施，应依照第 49 条第 3 款的严格监管程序进行审议通过。

第 47 条　报告

欧盟委员会应每五年向欧洲议会和欧盟理事会提交一份报告，内容包含根据本章规定所采取的措施和行动情况、根据第 41 条得到的各成员国相关信息。

报告应包括 EMAS 环境影响评估和参与者数量变化趋势。

第九章　最后条款

第48条　修订附件

1. 在必要情况下，欧盟委员会可以根据 EMAS 的运行经验修订本法规附件。由于发布新的国际标准、或国际标准有任何改变时，根据 EMAS 的指导需求，对附件进行修订。

2. 修订本法规的非基本要素，应按照第49条第3款的严格监管程序进行审议通过。

第49条　EMAS工作委员会的工作程序

1. 欧盟委员会应由一个 EMAS 工作委员会提供工作协助。

2. 引用本款，应根据第 1999/468/EC 号决议的第 3 条和第 7 条规定，同时考虑第 8 条的要求。

3. 引用本条款，应根据第 1999/468/EC 号决议的第 5a（1）项至第 5a（4）项之规定，同时考虑第 8 条的要求。

第50条　回顾评估

欧盟委员会应在 2015 年 1 月 11 日之前根据 EMAS 运行情况和在国际上的应用情况，对 EMAS 进行回顾评估。评估应考虑那些根据第 47 条提交给欧洲议会和欧盟理事会的相关报告。

第51条　废止条款与过渡性条款

1. 废止以下列法案：

（a）（EC）761/2001 号法规。

（b）2001 年 9 月 7 日的欧洲议会 2001/680/EC 号决议指导实施欧盟理事会（EC）761/2001 号法规，关于各组织自愿参与 EMAS[1] 的决议。

---

[1]　2001 年 9 月 17 日出版的官方公报 L 247，第 24 页。

（c）2006年3月1日欧洲议会2006/193/EC号决议和欧盟理事会（EC）761/2001号法规，关于运输包装和三级包装等特殊情况下使用EMAS标识的规定①。

2. 对第1款的宽限：

（a）根据（EC）761/2001号法规所建立的国家级认证机构和主管机构应继续他们的工作。各成员国应根据本法规，修改各认证机构和主管机构所应遵循的程序。各成员国应确保这些修订在2011年1月11日之前生效。

（b）EMAS的注册簿应对那些根据第761/2001号法规注册组织的资格予以保留。组织进行下一次验证时，环境认证员应检查其是否符合本法规的新要求。如果下一次验证计划是在2010年7月11日之前进行，在与环境认证员和主管机构达成一致意见后，验证日期可推迟六个月。

（c）根据（EC）761/2001号法规获得认可的环境认证员，可按照本法规要求，继续有资格执行他们的活动。

3. 引用（EC）761/2001号法规应等同于引用本法规，并按照附件八的内容进行解读。

<h2 style="text-align:center">第52条　生效</h2>

本法规在欧盟官方公报上公布后从第20天开始生效。

本法规具有法律约束力，直接适用于所有成员国。

2009年11月25日，斯特拉斯堡。

欧洲议会代表　　欧盟理事会代表

主席　　　　　　主席

J. BUZEK　　　Å. TORSTENSSON

---

① 2006年3月9日出版的官方公报L70，第63页。

附　　录

附件一　环境初审（或环境评估）

环境初审（或环境评估）应包括以下内容：

1. 确定出适用的环境法律法规。

列出适用法律法规的清单，以及相关合规证明的提供方式。

2. 确定出对环境具有显著影响的所有直接环境因素和间接环境因素，尽量定性和量化，并将重大环境因素编辑在册；

评估环境因素的重要性时应考虑以下方面：

（i）环境危害及其可能性；

（ii）本地、区域或全球的环境脆弱性；

（iii）环境因素或环境影响的规模、数量、频次和可逆性；

（iv）现有环境法规的要求；

（v）对利益相关方和雇员的重要性。

（a）直接环境因素

直接环境因素与组织的活动、产品与服务相关，且由组织直接管控。

所有组织都必须考虑其运营过程中的所有直接环境因素。

直接环境因素包括但不限于以下方面：

（i）法律要求与排放限值；

（ii）大气污染物；

（iii）水污染物；

（iv）固体废物和其他所有废弃物的产生、回收、再利用、运输和处理处置，特别是危险废物；

（v）土地利用与土壤污染；

（vi）自然资源、原材料和能源的使用；

（vii）添加剂、辅助材料和半成品的使用；

（viii）本地环境问题（例如：噪声、振动、恶臭、粉尘、光污染等）；

（ix）运输过程（包括货物与服务相关的运输）；

（x）事件、事故和可能的紧急情况引起的环境事故风险，环境事故产生的环境影响；

（xi）对生物多样性的影响。

（b）间接环境因素

间接环境因素可能来自与第三方的互动，对申请 EMAS 注册的组织造成一定的影响；

对于工业企业之外的组织，例如本地政府机构、金融机构等，需要考虑与其核心业务相关的环境因素，不能局限于仅针对场所与设施来识别环境因素。

间接环境因素包括但不限于：

（i）产品生命周期，例如设计、开发、包装、运输、使用和废物回收与处理处置等；

（ii）投资、贷款和保险服务；

（iii）新市场；

（iv）服务的类型与内容（例如运输或餐饮）；

（v）行政与规划的决策；

（vi）产品成分；

（vii）承包商、分包商和供应商的环保行为和环境绩效。

组织必须证明，已识别了采购程序相关的重大环境因素，针对那些显著的环境影响，在管理体系中已有对应的解决措施。组织应尽可能确保，在执行有关合同时，供应商和代表组织的各种活动都能贯彻环境方针。

组织应考虑这些间接环境因素可能造成的环境影响程度，应采取哪些措施来减少环境影响。

3. 环境影响评估标准

为了确定哪些环境因素具有显著环境影响，组织应识别活动、产品和服务的环境因素，确定环境影响评估标准。

评估标准应考虑欧共体法规，应全面、可独立检查、可复制、向公众开放。

制定环境影响评估标准应考虑但不限于以下方面：

（a）确定组织的活动、产品与服务环境影响所需的环境信息；

（b）原材料和能源使用，污染物排放和废弃物方面的现有数据；

（c）有关各方的意见；

（d）规范的环境行动；

（e）采购；

（f）产品的设计、开发、制造、分销、售后服务、使用、再利用、回收与处理；

（g）环境成本最高和环境效益最大的活动。

评估一个组织的环境影响程度时，除了考虑常规运营，还应考虑试车、停产和其他可能的紧急情况，考虑过去、现在和将来计划开展的活动。

4. 审查现有的所有环境管理行动与程序。

5. 评估过去事件的调查报告。

附件二　对环境管理体系的要求，实施 EMAS 的其他注意事项

EMAS 对环境管理体系的要求见 ISO 14001：2004 标准第 4 部分。这些要求详见下表的左栏，作为本附件的 A 部分。

此外，已注册 EMAS 的组织需要解决与 ISO 14001：2004 标准第 4 部分相关的其他问题，放在下表的右栏中，作为本附件的 B 部分。

A 部分 ISO 14001：2004 对环境管理体系的要求	B 部分 实施 EMAS 需要解决的其他问题
实施 EMAS 的组织应当满足 ISO 14001：2004 欧洲标准①第 4 部分的要求，具体内容如下： A. 环境管理体系要求 A.1. 总体要求	

---

① 本附件中的文本使用得到了欧洲标准化委员会（CEN）的许可。可从国家的标准机构购买全文，机构名单附后。本附件不允许复制用于商业用途。

A 部分 ISO 14001：2004 对环境管理体系的要求	B 部分 实施 EMAS 需要解决的其他问题
组织应依照本国际标准建立、记录、实施、维护和持续改进环境管理体系，并确定如何满足这些要求。 组织应明确并记录环境管理体系的工作范围。 A. 2. 环境方针 最高管理者应制定本组织的环境方针，在环境管理体系的工作范围内，确保环境方针满足以下条件： (a) 与活动、产品与服务的性质、规模和环境影响相匹配； (b) 承诺持续改进和污染防治； (c) 承诺遵守法律要求，遵守组织所认同、与其环境因素有关的其他要求； (d) 为设定和评审环境目标、环境指标提供框架； (e) 记录、实施和维护； (f) 传达至为组织工作或代表组织的所有人员； (g) 向公众公开。 A. 3. 规划 A. 3. 1. 环境因素 组织应制定、实施和维护相关程序，实现以下目的： (a) 确定在环境管理体系工作范围内，与活动、产品与服务相关的环境因素，组织能够管控或影响这些环境因素，并在规划、新发展、新活动、产品和服务中予以考虑； (b) 确定对环境具有显著影响或可能具有显著影响的环境因素（即重大环境因素）。 组织应记录这些信息，并不断更新。 在制定、实施和维护环境管理体系时，应考虑这些重大环境因素。	

附　录

续表

A 部分 ISO 14001：2004 对环境管理体系的要求	B 部分 实施 EMAS 需要解决的其他问题
	B. 1. 环境初审（或环境评估） 各个组织按附件一进行初始的环境审查或评估，确定环境因素和适用的环境法规。 如果欧共体范围外的组织希望注册，他们同样应参考注册成员国对类似组织的相关环境法规要求。
A. 3. 2. 法规和其他要求 组织应制定、实施和维护相关程序，实现以下目的： （a）确定法规要求和与环境因素有关的其他要求； （b）确定上述要求对环境因素的影响。 组织应确保在制定、实施与维护环境管理体系时考虑法规和组织所认可的其他要求。	
	B. 2. 法律合规 计划注册 EMAS 的各个组织应提供证据证明： （1）在按附件一进行环境审查过程中，确定出适用的环境法规，并了解法规要求对组织的影响； （2）遵守环境法规，包括相关许可和相应的许可范围； （3）落实相关程序，使得组织能够持续满足上述要求。
A. 3. 3. 目标、指标与方案 组织应在相关职能和级别部门制定、实施和维护环境目标和指标档案。 目标与指标应当是可测量的（如果可行），并符合环境方针，承诺污染预防、遵守适用的法规要求、遵守组织认可的其他要求、持续改进。 在制定和评审其目标与指标时，组织应将法律要求与组织所认可的其他要求，以及组织的重大环境因素考虑在内。组织还应考虑其技术选项、财务、运营和业务要求，以及有关各方的意见。	

A 部分 ISO 14001：2004 对环境管理体系的要求	B 部分 实施 EMAS 需要解决的其他问题
为了实现环境目标与指标，组织应制定、实施与维护相关方案。这些方案应包括： （a）确定相关职能与部门的职责； （b）实现目标和指标的方式与时间。 A.4. 实施与运行	
	B.3. 环境绩效 （1）各组织应证明其环境管理体系和审核程序解决了直接环境因素和间接环境因素对环境绩效的影响，内容详见附件一环境初审（或环境评估）。 （2）在环境管理初审（或评估）过程中，应当评估那些针对目标和指标的环境绩效。组织应承诺持续提高环境绩效，根据本地、区域和国家环境规划来开展行动。 （3）不能把实现环境目标和指标的方法当作环境目标。如果组织包含一个或多个场所，实施 EMAS 的每个场所都应符合 EMAS 的所有要求，以及第 2 条第 2 款关于持续改进环境绩效的要求。
A.4.1. 资源、分工、职责与权限 管理层应确保制定、实施、维护与改进环境管理体系所需的资源，包括人力资源、员工专业技能、基础设施、技术和财物。 为了促进环境管理的有效实施，应明确分工、职责和权限，记录存档并进行交流。 组织的最高管理者应指定管理代表，无论其他职责如何，这名管理代表应具有以下角色、职责与权限： （a）根据本标准制定、实施并维护环境管理体系； （b）向最高管理者报告环境管理体系的绩效，以供审查，其中应包括改进建议。	

A 部分 ISO 14001：2004 对环境管理体系的要求	B 部分 实施 EMAS 需要解决的其他问题
	B. 4. 雇员参与 （1）雇员的积极参与是持续改善环境成功的推动力和先决条件，是改善环境绩效的关键资源，是巩固成功实施生态管理审核体系的正确方法。 （2）雇员参与包括参与和获得相关信息的所有雇员及雇员代表。应制定各级别雇员的参与计划。管理层的承诺、反应和积极支持是这些计划成功的先决条件，有必要收集从管理层到雇员的反馈。
A. 4. 2. 能力、培训与意识 与显著环境影响有关的任何人员，无论是具体执行人员还是组织代表，都应具备相当的教育背景、培训经历或相关经验，应保存相关记录。 组织应根据环境因素和环境管理体系确定培训需求，提供培训或采取其他方式满足培训需求，且应保存相关记录。 应制定、实施和维护相关程序，以使组织内部员工或以组织名义工作的相关人员认识到以下几点： （a）与环境方针、程序和环境管理体系要求保持一致的重要性； （b）与工作有关的重大环境因素及其影响，个人对环境绩效的贡献； （c）履行环境管理体系的角色和职责； （d）偏离规定程序可能导致的后果。	
	（3）除上述要求外，雇员应在以下过程中参与环境绩效的持续改进： （a）环境初审（或环境评估），现状分析，信息收集与核实；

A 部分 ISO 14001：2004 对环境管理体系的要求	B 部分 实施 EMAS 需要解决的其他问题
	（b）制定好实施环境管理与审核体系，改进环境绩效； （c）设立环境委员会，收集信息，确保环境行政管理代表和雇员及其代表的参与； （d）环境行动方案和环境审核方面的联合工作组； （e）编制环境声明。 （4）采用适当的方式，如设立提建议的制度，基于项目的工作组或环境委员会，可参考欧盟委员会这方面的最佳实践和指南。如果有人提出要求，任何雇员代表都可以参与。
A.4.3. 沟通 针对环境因素和环境管理体系，组织应制定、实施和维护相关程序，实现以下目的： （a）不同级别和职能部门之间的沟通； （b）接收、记录和答复来自外部的相关交流沟通。 组织应决定是否向外界沟通其重大环境因素，且应将其决定进行记录备案。如果决定对外沟通，组织应制定和实施外部沟通方法。	
	B.5. 沟通 （1）各个组织应提供证据证明其与公众和其他有关各方（包括本地社区和客户）就自己的活动、产品和服务的环境影响进行了公开对话，并收集公众和其他有关各方的意见。 （2）EMAS 与其他体系的关键区别是环境信息的开放、透明和定期发布。这对组织与有关各方建立信任也是很重要的。 （3）EMAS 提供灵活选择，允许各组织为特定受众提供特定信息，但如果有人提出申请，可以得到所申请的全部信息。

A 部分 ISO 14001：2004 对环境管理体系的要求	B 部分 实施 EMAS 需要解决的其他问题
A.4.4. 文档 环境管理体系文档应包括： （a）环境方针、目标与指标； （b）环境管理体系范围； （c）环境管理体系要素，这些要素之间的相互关系，参考资料； （d）本标准所要求的文件和记录； （e）与重大环境因素有关的规划、运行和控制流程文件（包括记录）。 A.4.5. 文档管理 应管理环境管理体系及本标准所要求的文件。作为一种特殊类型的文件，应按照 A.5.4 的要求进行记录管理。 组织应在以下方面制定、实施和维护相关程序： （a）文件发布前的批准； （b）根据需要对文件进行审查与更新，并再次批准； （c）明确文件的更改和当前版本； （d）确保各版本文件可随时获得； （e）确保文件清晰、易识别； （f）环境管理体系规划与运行所需的外部资料均已确定，并有妥善保管； （g）如果需要保留作废文件，应在文件上面有清晰的标识，防止误用。 A.4.6. 运行管理 对于符合环境方针、目标和指标的重大环境因素的操作程序，通过在以下方式制定具体的计划，确保运行良好： （a）制定、实施和维护已成文的程序，避免因违反程序与环境方针、目标与指标造成偏差； （b）规定各程序中的操作标准；	

A 部分 ISO 14001：2004 对环境管理体系的要求	B 部分 实施 EMAS 需要解决的其他问题
（c）针对组织所使用产品服务的重大环境因素，制定、实施和维护与此有关的工作程序，向供应商、承包商传达相关程序与要求。 A.4.7. 应急准备和响应 组织应制定、实施与维护工作程序，以确定可能对环境有影响、潜在的紧急情况和事故，以及如何应对。 发生紧急情况与事故时，组织应做出响应，消除或减轻环境影响。 组织应定期审查应急准备与响应程序，如有需要，应进行修订，特别是在发生事故或紧急情况之后。 如果可能，组织还应该定期进行应急响应演习。 A.5. 检查 A.5.1. 监控与测量 对可能产生显著环境影响的操作，组织应制定、实施和维护工作程序，定期监控与测量其关键特性。工作程序应记录存档以下信息，即监控绩效、操作管理、与环境目标和指标的符合性。 监控与测量设备应通过校准或认证，并应保存相关记录。 A.5.2. 合规性评估 A.5.2.1. 组织应制定、实施与维护工作程序，定期评估合规性，以符合其合规承诺。 组织应记录保存定期评估的结果。 A.5.2.2. 组织应评估其认可的其他要求的合规性。可能会将此评估与第 A.5.2.1 点的合规评估相结合，也可以制定单独的工作程序。 组织应记录保存定期评估的结果。 A.5.3. 不合规、纠正措施和预防措施 组织应制定、实施和维护工作程序，用于处理不合规情况和可能的不合规情况，采取纠正措施和预防措施。 工作内容包括：	

A 部分 ISO 14001：2004 对环境管理体系的要求	B 部分 实施 EMAS 需要解决的其他问题
（a）发现和纠正不合规情况，采取措施消除相应的环境影响； （b）调查不合规情况，确定产生不合规的原因，采取措施以避免再次发生上述情况； （c）评估是否应采取措施以避免发生不合规的情况，并予以落实； （d）记录已采取的纠正措施与预防措施的结果； （e）审查已采取的纠正措施与预防措施的有效性。这些措施应当与问题和环境影响的严重程度相匹配。 组织应根据实际情况及时对环境管理体系文档进行修订。 A.5.4. 对记录的管理 组织应建立与维护必要的记录，以证明其环境管理体系的 ISO 14001 要求的一致性，并记录成果。 组织应制定、实施和维护工作程序，用于记录的鉴定、存储、保护、检索、保留和处理。 记录应保持清晰、可识别和可追溯。 A.5.5. 内部审核 应按照已计划的时间间隔，对环境管理体系进行内部审核： （a）确定环境管理体系： ——是否符合环境管理的计划安排，包括本标准的要求， ——是否已经正确实施与维护； （b）向管理层提供审核结果。 应规划、制定、实施和维护审核方案，并考虑涉及操作的环境重要性和先前的审核结果。 应制定、实施和维护审核工作程序，用以： ——确定职责和相关要求，制定审核计划并实施，报告结果，保留相关记录，	

A 部分 ISO 14001：2004 对环境管理体系的要求	B 部分 实施 EMAS 需要解决的其他问题
——确定审核标准、范围、频次和方法。 选定审核员、开展审核都应保障审核工作的客观性与公正性。 A. 6. 对管理进行审查 最高管理者应按照计划的时间间隔检查环境管理体系，以保障其持续适用性、充分性和有效性。检查时应评估改进的机会，确定环境管理体系所需的修改（环境方针、目标、指标）。 应保留审查记录。 对管理的审查应包括： （a）内部审核结果，评估组织的合规性，包括法规和组织所认可的其他要求； （b）来自外部有关各方的意见，包括投诉； （c）组织的环境绩效； （d）环境目标与指标的实现程度； （e）纠正与预防措施的状态； （f）跟进以往管理检查的改进行动； （g）变化情况，包括与组织环境因素有关的法规要求变化； （h）改进建议。 管理审查的结果应包括可能改变环境方针、目标、指标和环境管理体系其他要素的任何决定与措施，以遵守持续改进的承诺。 国家级标准机构名单 BE：IBN/BIN（比利时标准化研究所） CZ：GNI（捷克标准协会） DK：DS（丹麦标准协会） DE：DIN（德国标准协会） EE：EVS（爱沙尼亚标准化中心）	

续表

A 部分 ISO 14001：2004 对环境管理体系的要求	B 部分 实施 EMAS 需要解决的其他问题
EL：ELOT（希腊标准化组织） ES：AENOR（西班牙标准与认证协会） FR：AFNOR（法国标准协会） IE：NSAI（爱尔兰国家标准局） IT：UNI（意大利标准化组织） CY：CY-SAB（塞浦路斯质量促进中心） LV：LVS（拉脱维亚标准协会） LT：LST（立陶宛标准委员会） LU：SEE（卢森堡能源办公室） HU：MSZT（匈牙利标准协会） MT：MSA（马耳他标准管理局） NL：NEN（荷兰标准化研究所） AT：ON（奥地利标准协会） PL：PKN（波兰标准化委员会） PT：IPQ（葡萄牙国家质量研究所） SI：SIST（斯洛文尼亚标准化研究所） SK：SÚTN（斯洛伐克标准协会） FI：SFS（荷兰标准协会） SE：SIS（瑞典标准协会） UK：BSI（英国标准协会）	
	国家级标准机构补充名单 ISO 14001：2004 未涵盖的成员国国家标准机构： BG：BDS（保加利亚标准化研究所）； RO：ASRO（罗马尼亚标准协会）。 成员国的国家标准机构取代 ISO 14001：2004 所列机构的 CZ：ÚNMZ（捷克国家标准、计量和测试办公室）。

附件三　内部环境审核

A. 审核方案与审核频率

1. 审核方案

审核方案应确保能够为组织的管理层提供所需信息，以审查环境绩效和环境管理体系的有效性，并证明这些得到了有效控制。

2. 审核方案的目标

目标应包括环境管理体系的适用性评估，环境方针与环境规划的合规性判定，以及环境法规的合规性。

3. 审核方案的范围

对于每个审核过程、每个审核周期内的各个步骤，都应有明确范围界定：

（a）所涵盖的主要区域；

（b）待审核的活动；

（c）应考虑的环境标准；

（d）审核所涵盖的期限。

环境审核需要评估实际环境绩效数据。

4. 审核频次

涵盖组织所有活动的审核期限或审核时间周期应不超过三年或四年（如果适用第 7 条中的宽限）。针对任何单个活动的审计频次根据以下因素自行确定：

（a）活动的性质、规模、复杂度；

（b）环境影响的重要程度；

（c）以往审核出问题的重要性与紧迫性；

（d）环境问题的历史记录。

活动的复杂度越高，而且环境影响越显著，则审核应越频繁。

应至少每年开展一次审核工作，因为这有助于向组织的管理层和环境认证员证明重大环境因素的控制情况。

审核内容：

（a）环境绩效；

（b）环境法规的遵守情况。

B. 审核活动

审核内容中应包括：与职员进行讨论，检查工作条件，检查设备的检验情况和记录，工作程序文件和其他相关材料，评估相关活动的环境绩效，确定是否符合相关标准、法规、环境目标与指标，环境管理体系是否有效与适当，应抽查上述标准的合规情况，确定整个环境管理体系的有效性。

审核过程应包括以下步骤：

（a）对管理体系的了解程度；

（b）评估管理体系的优势与劣势；

（c）收集相关证据；

（d）评估审核结果；

（e）编制审核结论；

（f）报告审核结果与结论。

C. 报告审核结果与结论

书面审核报告的基本目标为：

（a）记录审核范围；

（b）向管理层提供关于环境方针与环境进展的一致情况；

（c）向管理层提供有关环境因素监管工作的有效性与可靠性情况；

（d）说明是否需要采取纠正措施及其必要性。

附件四　环境声明

A. 引言

环境信息应明确一致，可以是电子版，也可以是印刷版。

B. 环境声明

环境声明至少应包括以下内容：

（a）清晰明确描述 EMAS 注册组织，简要介绍活动、产品与服务，与上级组织之间的关系（视具体情况而定）；

（b）环境方针，简要说明环境管理体系；

（c）描述可能会造成显著环境影响的所有重大直接环境因素和间接环境因素，说明这些因素的影响性质（附件一第 2 条）；

（d）描述与重大环境因素和环境影响相关的环境目标和指标；

（e）环境目标和指标实现情况，绩效用数据摘要的形式表述。应报告本附件 C 部分所列出的核心指标和其他现有的环境绩效指标；

（f）环境绩效的其他相关因素，显著环境影响的合规情况；

（g）引用适用的环境法规；

（h）环境认证员的名称、资格验证或许可证编号和验证日期。

更新的环境声明应至少有第（e）至（h）项中所列出的内容。

C. 核心指标和其他现有的环境绩效指标

1. 介绍

在环境声明和更新的环境声明中，应报告下文所列出的核心指标，这些指标与组织的直接环境因素有关，与其他现有的环境绩效指标相关。

报告应提供实际投入/实际影响方面的数据。如果信息披露会对组织的商业或行业信息的保密性造成不利影响，且上述保密性是根据国家法律或欧共体法律，出于保护合法经济利益而规定的，则组织可以在报告中使用此类信息的代码索引，例如，设定一个基准年份（使用索引号 100），在此年份有实际投入/实际影响。

各项指标应：

（a）对正确评价组织的环境绩效；

（b）易于理解和明确；

（c）允许通过逐年比较来评估组织环境绩效的进展情况；

（d）允许按照行业、国家或区域基准进行比较，视具体情况而定；

（e）允许与监管要求进行比较，视具体情况而定。

2. 核心指标

（a）核心指标应适用于各种类型的组织，注重以下关键环境领域：

（i）能源效率；

（ii）材料利用率；

（iii）水；

（iv）废弃物；

（v）生物多样性；

（vi）排放。

如果一个或多个核心指标与其重大直接环境因素无关，组织可以参照环境初审（或环境评估），在环境声明中不体现那些核心指标，但应写明相关理由。

（b）每项核心指标由以下内容组成：

（i）A 表示指定领域的年度总投入/总影响；

（ii）B 表示组织的年度总产出；

（iii）R 表示 A/B 的比率。

每个组织都应报告每一项核心指标的所有 3 个要素。

（c）指定领域的年度总投入/总影响指标，即字母 A 项，应报告内容如下：

（i）能源效率，

——"能源直接利用量"，年度能源消耗总量，以兆瓦时（MWh）或 10 亿焦耳（GJ）为计量单位，

——"可再生能源使用量"，组织在年度能耗总量（电力与热力）中使用可再生能源的百分比。

（ii）材料利用率，

——"各种材料的年度物质流"（不包括能源输送载体和水），以吨为单位。

（iii）水，

——"全年总用水量"，以立方米为计量单位；

（ⅳ）废弃物，

——"每年产生的废弃物总量"，分类统计，以吨为计量单位，

——"每年产生的危险废物总量"，以公斤或吨为计量单位。

（ⅴ）生物多样性，

——"土地利用"，建筑面积以平方米为计量单位。

（ⅵ）排放，

——"每年排放的温室气体总量"，包括 CO_2、CH_4、N_2O、HFCs、PFCs 和 SF_6，以吨二氧化碳当量（CO_2e）为计量单位，

——"大气污染物年排放总量"，至少包括 SO_2、NOx 和 PM（颗粒物）的排放量，以公斤或吨为计量单位，

除了上述指标外，组织还可以使用其他指标来表示指定领域的年度总投入/总影响；

（d）组织的年度总产出指标，即字母 B 项，按各组织的活动类型分别进行统计，应报告的内容如下：

（ⅰ）对于生产行业（工业）的组织，使用年总增加值，以百万欧元（EUR Mio）为单位，或以吨为单位的年度有形产出总量，若为小型组织，则使用年总营业额和雇员人数；

（ⅱ）对于非生产行业（行政管理/服务）的组织，用雇员人数来表示规模。

除了上述指标，组织还可以使用其他指标来表示年度总产出。

3. 其他相关环境绩效指标

每个组织应针对环境声明中的环境因素，对环境绩效进行年度报告，且参考第 46 条中的行业参考文件（如果可用）。

D. 公众可及性

组织应向环境认证员证明，如果任何人对其环境绩效感兴趣，均可以便捷、免费获得第 B 项和第 C 项的信息。

组织应确保上述信息具有注册所在成员国的官方语言（其中之一即可）版本，如果可能，提供其他注册场所所在成员国的官方语言（其中之一即

可）版本。

　　E. 当地问责

　　注册 EMAS 的组织可能希望制作一份团体型环境声明，涵盖多个地理位置的场所。

　　EMAS 的目的是确保当地问责制，各个组织应确保识别出每个场所的重点环境影响，并在团体环境声明进行报告。

附件五　EMAS 标识

　　1. 标志可使用以下 23 种文字中的任何一种：

保加利亚语：　　Проверено управление по околна среда

捷克语：　　　　Ověřeny systém environmentálního řízení

丹麦语：　　　　Verificeret miljøledelse

荷兰语：　　　　Geverifieerd milieuzorgsysteem

英语：　　　　　Verified environmental management

爱沙尼亚语：　　Tóendatud keskkonnajuhtimine

芬兰语：　　　　Todennettu ympäristöasioiden hallinta

法语：　　　　　Management environnemental vérifié

德语：　　　　　Geprüftes Umweltmanagement

希腊语： *επιθεωρημένη περιβαλλοντική διαχείριση*

匈牙利语： Hitelesített környezetvédelmi vezetési rendszer

意大利语： Gestione ambientale verificata

爱尔兰语： Bainistíocht comhshaoil fíoraithe

拉脱维亚语： Verificēta vides pārvaldība

立陶宛语： Jvertinta aplinkosaugos vadyba

马耳他语： Immaniggjar Ambjentali Verifikat

波兰语： Zweryfikowany system zarza dzania środowiskowego

葡萄牙语： Gestão ambiental verificada

罗马尼亚语： Management de mediu verificat

斯洛伐克语： Overené environmentálne manažérstvo

斯洛文尼亚语： Preverjen sistem ravnanja z okoljem

西班牙语： Gestión medioambiental verificada

瑞典语： Verifierat miljöledningssystem

2. 标志的颜色可选择以下任一种：

——三色（色值：绿色 355；黄色 109；蓝色 286），

——黑色，

——白色，

——或灰色。

附件六　注册所需信息

（申请注册需提供的信息）

1. 组织

名称　　　　　　　　---

地址　　　　　　　　---

城镇　　　　　　　　---

邮政编码　　　　　　---

国家/地带/区域/社区　　　　　---

联系人　　　　　---

电话　　　　　---

传真　　　　　---

电子邮件　　　　　---

网站　　　　　---

环境声明或更新的环境声明的公众访问途径

（a）印刷版　　　　　---

（b）电子版　　　　　---

注册号　　　　　---

注册日期　　　　　---

注册的中止日期　　　　　---

注册的注销日期　　　　　---

下一个环境声明的发布日期　　　　　---

下一个更新的环境声明的发布日期　　　　　---

依据第 7 条规定请求宽限

是–否　　　　　---

活动的 NACE 编码　　　　　---

雇员人数　　　　　---

营业额或年度资产负债表　　　　　---

2. 场所

名称　　　　　---

地址　　　　　---

邮政编码　　　　　---

城镇　　　　　---

国家/地带/区域/社区　　　　　---

联系人　　　　　---

电话　　　　　---

传真 --

电子邮件 --

网站 --

环境声明或更新的环境声明的

　公众访问途径 --

（a）印刷版 --

（b）电子版 --

注册号 --

注册日期 --

注册的中止日期 --

注册的注销日期 --

下一个环境声明的发布日期 --

下一个更新的环境声明的发布日期 --

依据第 7 条规定请求宽限

是–否 --

活动的 NACE 编码 --

雇员人数 --

营业额或年度资产负债表 --

3. 环境认证员

环境认证员的名称 --

地址 --

邮政编码 --

城镇 --

国家/地带/区域/社区 --

电话 --

传真 --

电子邮件 --

认可或许可注册号 --

认可或许可工作范围（NACE 编码）..

认证机构或许可机构　　　　　..

完成于 20　　年　　月　　日　..

所代表机构的签名　　　　　　..

附件七　环境认证员关于验证与审查活动的声明

....（名称），EMAS 环境认证员注册号为..，已获得..（NACE 代码）范围的验证许可，特此声明，已验证审查环境声明/更新的环境声明中所有场所或整个组织..（名　称）注　册　号　为..（如果有注册号）满足欧洲议会和欧盟委员会于 2009 年 11 月 25 日发布的关于自愿参与 EMAS 的（EC）1221/2009 号法规的所有要求。

通过签署本声明，本人在此声明：

——已经完成的验证与审查完全符合（EC）1221/2009 号法规的要求，

——验证与审查的结果证实，并无证据表明组织存在不遵守适用的环境法规的情况，

——组织/场所(＊)的环境声明/更新的环境声明（＊）中的数据和信息表明，组织/场所（＊）在环境声明范围内的所有活动可靠、可信和正确。

本文件并不等同于 EMAS 的注册。EMAS 注册只能由主管机构根据（EC）1221/2009 号法规授予。本文件不得单独用于公众沟通。

完成于 20　　年　　月　　日

签名

（＊）删除不适用部分。

附件八 相关表格

（EC）761/2001 号法规	本法规
第 1（1）款	第 1 条
第 1（2）（a）项	——
第 1（2）（b）项	——
第 1（2）（c）项	——
第 1（2）（d）项	——
第 2（a）款	第 2（1）款
第 2（b）款	——
第 2（c）款	第 2（2）款
第 2（d）款	——
第 2（e）款	第 2（9）款
第 2（f）款	第 2（4）款
第 2（g）款	第 2（8）款
第 2（h）款	第 2（10）款
第 2（i）款	第 2（11）款
第 2（j）款	第 2（12）款
第 2（k）款	第 2（13）款
第 2（l）款	第 2（16）款
第 2（l）（i）项	——
第 2（l）（ii）项	——
第 2（m）款	——
第 2（n）款	第 2（17）款
第 2（o）款	第 2（18）款
第 2（p）款	——
第 2（q）款	第 2（20）款
第 2（r）款	——
第 2（s）款第一分段	第 2（21）款
第 2（s）款第二分段	——

附　录

（EC）761/2001 号法规	本法规
第 2（t）款	第 2（22）款
第 2（u）款	——
第 3（1）款	——
第 3（2）（a）项第一分段	第 4（1）（a）项和第 4（1）（b）项
第 3（2）（a）项第二分段	第 4（3）款
第 3（2）（b）项	第 4（1）（c）项
第 3（2）（c）项	第 4（1）（d）项
第 3（2）（d）项	第 4（5）款
第 3（2）（e）项	第 5（2）款第一分段；第 6（3）款
第 3（3）（a）项	第 6（1）（a）项
第 3（3）（b）项第一句	第 6（1）（b）项和第 6（1）（c）项
第 3（3）（b）项第二句	第 7（1）款
第 4（1）款	——
第 4（2）款	第 51（2）款
第 4（3）款	——
第 4（4）款	——
第 4（5）款第一句	第 25（10）款第一分段
第 4（5）款第二句	第 25（10）款第二分段，第二句
A 第 4（6）款	第 41 条
第 4（7）款	——
第 4（8）款第一分段	第 30（1）款
第 4（8）款第二分段	第 30（3）款和第 30（5）款
第 4（8）款第三分段，第一句与第二句	第 31（1）款
第 4（8）款第三分段，最后一句	第 31（2）款
第 5（1）款	第 11（1）款第一分段
第 5（2）款	第 11（3）款
第 5（3）款第一句	第 12（1）款
第 5（3）款第二句，第一个缩进行	第 12（1）（a）项
第 5（3）款第二句，第二个缩进行	第 12（1）（b）项
第 5（4）款	第 11（1）款第二分段与第三分段

续表

（EC）761/2001 号法规	本法规
第 5（5）款第一句	第 16（1）款
第 5（5）款第二句	第 16（3）款第一句
第 5（5）款第三句	第 17（1）款
第 5（5）款第四句	第 16（3）款第二分段和第 16（4）款第二分段
第 6（1）款	第 13（1）款
第 6（1）款，第一个缩进行	第 13（2）（a）项和第 5（2）（a）项
第 6（1）款，第二个缩进行	第 13（2）（a）项和第 5（2）（c）项
第 6（1）款，第三个缩进行	第 13（2）（f）项和第 5（2）（d）项
第 6（1）款，第四个缩进行	第 13（2）（c）项
第 6（1）款，第二分段	第 13（2）款第一句
第 6（2）款	第 15（3）款
第 6（3）款，第一个缩进行	第 15（3）（a）项
第 6（3）款，第二个缩进行	第 15（3）（b）项
第 6（3）款，第三个缩进行	——
第 6（3）款，最后一句	第 15（8）款
第 6（4）款，第一段	第 15（2）款
第 6（4）款，第二分段	第 15（4）款
第 6（5）款，第一句	第 15（6）款
第 6（5）款，第二句	第 15（8）款和第 15（9）款
第 6（6）款	第 15（10）款
第 7（1）款	第 28（8）款
第 7（2）款，第一句	第 12（2）款
第 7（2）款，第二句	第 12（3）款
第 7（3）款	第 42（2）（a）项
第 8（1）款，第一句	第 10（1）款
第 8（1）款，第二句	第 10（2）款
第 8（2）款	——
第 8（3）款第一分段	第 10（4）款
第 8（3）款第二分段	

续表

（EC）761/2001 号法规	本法规
第 9（1）款引导句	第 4（3）款
第 9（1）（a）项	第 45（4）款
第 9（1）（b）项	第 45（4）款
第 9（1）款第二分段	第 45（5）款
第 9（2）款	——
第 10（1）款	——
第 10（2）款，第一分段	第 38（1）款和第 38（2）款
第 10（2）款，第二分段，第一句	第 41 条
第 10（2）款，第二分段，第二句	第 47 条
第 11（1）款，第一分段	第 36 条
第 11（1）款，第一个缩进行	第 36（a）款
第 11（1）款，第二个缩进行	第 36（c）款
第 11（1）款，第三个缩进行	第 36（b）款
第 11（1）款，第二分段，第一句	第 37（1）款
第 11（1）款，第二分段，第二句	——
第 11（1）款，第二分段，第三句	第 37（2）款
第 11（1）款，第二分段，第四句	第 37（3）款
第 11（2）款	第 43（2）款
第 11（3）款，第一句	第 41（2）款
第 11（3）款，第二句	第 47 条
第 12（1）（a）项	——
第 12（1）（b）项	第 35（1）款
第 12（1）款，第二分段	——
第 12（2）款	第 41（2）款
第 12（3）款	——
第 13 条	第 40（1）款
第 14（1）款	第 49（1）款
第 14（2）款	——
第 14（3）款	——
第 15（1）款	第 50 条

续表

（EC）761/2001 号法规	本法规
第 15（2）款	第 48 条
第 15（3）款	——
第 16（1）款	第 39（1）款
第 16（2）款	第 42（2）款
第 17（1）款	——
第 17（2）款、第 17（3）款和第 17（4）款	第 51（2）款
第 17（5）款	——
第 18 条	第 52 条

附录5　EMAS 欧盟团体注册、第三国注册、全球注册指南*

2011 年 12 月 7 日委员会决议

欧盟团体注册、第三国注册和全球注册指南

基于欧洲议会和理事会（EC）1221/2009 号法规

关于各个组织自愿实施"欧盟生态管理审核体系"（EMAS)

（按照 C（2011）8896 文件通告）

（文本与欧洲经济区相关）

（2011/832/EU）

欧盟委员会，

考虑到《欧洲联盟运作条约》，

考虑到欧洲议会和理事会 2009 年 11 月 25 日关于各个组织自愿参加 EMAS[①] 的（EC）1221/2009 号法规，特别是该法规的第 3 条和第 46 条第 4 款，

鉴于：

（1）（EC）1221/2009 号法规实现了在一个或多个成员国或第三国设有多个场所的各组织注册 EMAS 的可能性。

（2）各个成员国或者第三国的公司和其他组织应得到 EMAS 注册方面的额外信息和指导意见。

（3）本法规规定的措施符合（EC）1221/2009 号法规第 49 条列出的委员会意见，

决定：

第一条

针对第 46 条第 4 款，为了补充提供关于（EC）1221/2009 号法规第 3

---

* 根据英文版翻译。

① 2009 年 12 月 22 日出版的官方公报 L 342，第 1 页。

条的澄清信息，委员会正式采用了该《欧盟企业、第三国和全球环境管理
审核体系注册指南》。

第二条

本决议签发至各成员国。

2011 年 12 月 7 日完成于布鲁塞尔

为欧盟委员会起草

亚内兹·波托奇内克（Janez POTOČNIK）

委员会委员

附录

欧盟团体注册、第三国注册和全球 EMAS 注册指南

（（EC）1221/2009 号法规）

1. 序言

本指南旨在为那些在多个欧盟成员国、第三国有多个子公司和多处场所
的组织提供 EMAS 方面的指导，并且为使用本指南开展注册工作的成员国、
认证员和组织提供具体的指导意见。本指南的制定依据是 EMAS 法规[①]第 46
条第 4 款 "欧盟应与主管机构论坛配合，制定一个指南，供欧共体以外的组
织注册使用"、第 16 条第 3 款 "主管机构论坛应依照本法规制定指导方针，
以确保组织注册程序的一致性，注册程序包括所有组织的注册续期、注册簿
中的资格中止和注销。"

EMAS 是在 1993 年推出，当时针对工业和制造业企业的个别场所。
2001 年第一次修订之后，第二版的 EMAS 面向拥有多个场所（与以前一样，
场所位置仍然是指在欧盟和欧洲经济区内部的某个成员国内）的所有组织
开放。第三版的 EMAS 进一步开放，适用于欧盟内外的所有组织。

---

① （EC）1221/2009 号法规。

EMAS 面向第三国开放，为各行业提供了实现较高环境绩效水平的工具，这些组织可以获得欧洲共同体利益相关方的公开认可。

根据 EMAS 法规第 11 条第 1 款，成员国自主决定本国的国家主管机构是否开放对第三国组织的注册。

注册

在欧盟设有多个场所的组织的注册与欧盟以外组织的注册相互交叉，会出现多种可能情况。本指南为申请 EMAS 的主管机构、环境认证员、组织针对必须应对的情况提供总体指导意见，主要针对以下三种情况：

——第 1 种情况：在欧盟多个成员国设有场所的组织的注册（欧盟团体注册），

——第 2 种情况：在第三国设有场所的单个场所注册或团体注册（第三国注册），

——第 3 种情况：在欧盟成员国和第三国均设有场所的组织的注册（全球注册）

对于以上三种情况，组织可以为所有场所或部分场所申请单次团体注册。注册涵盖的场所由该申请组织自己决定。

注：

本指南不涉及欧洲国家单一企业注册的情况。本指南主要内容包括：

——确定主管机构，

——对在欧盟外开展工作的环境认证员给予认证或许可，

——在各成员国之间协调这些程序，

——第三国的法律合规情况，

——团体注册的续期、注销和中止。

上述三种情况的要求通常非常相近，为了便于阅读，尽量避免各章节间内容的交叉引用，因此会有部分重复的文字。

为了保持 EMAS 的公信力，在欧盟内外执行法规的方式应相近。为此，必须考虑到 EMAS 某些具体内容在执行过程中的差异和难度，例如合法合规。允许第三国注册的成员国的主管机构，须通过具体程序，确保 EMAS 在欧盟内外能够形成同等的体系。欧盟成员国和第三国之间的历史、经济、文化关系可以推动 EMAS 在第三国和全球的实施，促进 EMAS 在全世界的推广。

2. 术语

本指南采用以下术语：

总部，指设有多个场所的组织的最高层的管理单位，具有控制和协调组织战略策划、通讯、税务、法律、营销、财务等主要职能。

管理中心，指设有多个场所的组织总部之外的某个场所，专门指根据 EMAS 法规开展注册工作的场所，它确保了环境管理体系的控制和协调工作的正常进行。

一级主管机构，指负责欧盟团体注册、第三方和全球注册程序的主管机构。

注：

EMAS 法规的第 3 条第 3 款论及（一级）主管机构的决定事宜。

根据上述"情况"确定一级主管机构可能有下列情形：

——对于第 1 种情况（欧盟团体注册），一级主管机构是组织总部或管理中心所在成员国的主管机构。

——对于第三国注册和全球注册，一级主管机构是为欧共体以外组织提供注册事宜、且认证员得到许可的成员国的主管机构。即，首先该成员国提供第三国注册；其次，在需要注册场所在的第三国，认证员获得了相应的认可或许可。

3. 欧盟团体注册——在多个成员国设有多个场所的组织的注册

3.1　欧盟成员国的适用法规和合法合规性

3.1.1　各个组织必须始终遵守适用于 EMAS 注册场所的欧盟和国家的法律要求。

3.1.2　根据 EMAS 法规附件四 B（g），各个组织的环境声明须引用适用的环境相关法律要求。

3.1.3　为了提供 EMAS 法规第 4 条第 4 款所述的"合规的实物或文件证据"，各个组织可提供主管执法机构出具的声明，在声明中说明不存在不合规问题的证据，该组织未涉及有关执行程序、诉讼或投诉。在认证过程中，认证员应根据场所涉及的国家现行法律，检查该组织的所有环境执照、许可证、或者其他相关证明材料。

3.2　主管机构的任务

3.2.1　对于欧盟团体注册，根据总部或管理中心（以此为序）的地理位置来确定一级主管机构。

3.2.2　对于欧盟团体注册，一级主管机构仅与团体注册过程中涉及场所所在成员国的所有主管机构合作。

3.2.3　一级主管机构负责注册工作，并协调其他相关主管机构。

当申请注册的组织场所所在的另一成员国的主管机构不同意注册、中止、注销或者续期（见本指南 3.4 和 3.6）时，一级主管机构便不能进行注册、中止、注销、续期。如 3.4.6 所述，一级主管机构也可以决定缩小注册范围（如，存在争议的场所）。

3.2.4　主管机构应协调成员国认证和许可机构，确保主管机构和认证、许可机构能够顺利完成各自的任务。

3.2.5　在本指南正式通过后的六个月之内，应确定主管机构之间协调的总原则和具体程序，并获得主管机构论坛的许可。然后根据 EMAS 法规第 48 条第 2 款和第 49 条第 3 款进行审议，以便采用。

3.2.6　为了实现上述"协调过程"，主管机构论坛将编制标准表格，提供欧盟各官方语言版本。为确保沟通有效，并尽量避免由语言造成的误解，标准表格主要由复选框组成，个别"意见"栏可以自由填写文字。应保留常规邮件、电子邮件或传真形式的书面沟通证据，以备将来产生争议时，由主管机构使用。

上述表格应该包括所有成员国的收费标准清单，作为表格的附件，并定期更新。

3.3　获得认证或许可的认证员的任务

3.3.1　EMAS 法规的第五章和第六章规定了 EMAS 环境认证员的总体规则，对环境认证员的认可、许可和审核过程做出了具体规定。

3.3.2　环境管理体系的审核和 EMAS 环境声明的审定，必须由环境认证员完成，且认证员必须具有对应欧盟经济活动分类统计编码（NACE）①的认证或许可。

3.3.3　具有多个场所和从事多项活动的组织注册时，认证员的认证资质必须涵盖该组织的所有场所、所有活动的所有 NACE 编码。如果一个认证员的认证或许可范围不能覆盖所需的 NACE 编码范围，应当以合作的形式邀请其他具有符合 NACE 编码范围的环境认证员参与。申请注册的组织根据 EMAS 法规的第 4 条选择相应的认证员。除缺乏相应 NACE 编码的认证员原因外，各个组织还可以根据其他因素使用多位认证员，例如，当地经验、语言，将 EMAS 审核过程和其他标准认证结合。所有合作的认证员必须签署 EMAS 法规第 25 条第 9 款所述的签字声明和 EMAS 环境声明。每个认证员负责汇总各自范围审核内容的结果（审核内容范围须对应相应的 NACE 编码）。所有认证员必须在同一份声明书上签名，从而一级主管机构可以确认所有认证员。然后，一级主管机构通过合作的主管机构（轮流协调与认证机构、许可机构展开的活动），核实所有相关认证员是否遵守了 EMAS 法规第 23 款第 2 条的提前告知义务。因此，一级主管机构也可以核实所涉及认证员的 NACE 编码是否涵盖了被审核组织的经济活动类型。

3.3.4　在一个成员国获得认证或许可的认证员，可在其他成员国开展工作。开始活动前，认证员应该至少提前四个星期告知计划工作所在成员国的认证或许可机构。

3.3.5　出现问题或负面结果时，负责监管认证员工作的成员国认证或许可机构，须向本国主管机构提交监督报告。然后主管机构将监督报告交给

---

① 引自欧洲议会和理事会 2006 年 12 月 20 日关于经济活动统计分类 NACE 第 2 版、理事会（EEC）3037/90 号法规修订、关于特定统计领域某些欧共体法规修订的（EC）1893/2006 号法规（2006 年 12 月 30 日发布的官方公报 L 393，第 1 页）。

负责欧盟团体注册的一级主管机构。

3.3.6　对于首次注册的审核，如果认证员发现不合规情况，就不能在 EMAS 法规第 25 条第 9 款所述的声明和 EMAS 环境声明上签字。

3.3.7　在注册有效期内，或在续期时间内，如果认证员发现不合规情况，可向主管机构汇报，该组织不符合 EMAS 的要求。在 EMAS 续期期间，如果该组织证明自身已经采取了措施，确保实现合规（即配合执法机构），认证员可以只签署第 25 款第 9 条所述的声明和更新的 EMAS 环境声明。如果该机构不能充分采取措施解决合规问题，认证员不应认可更新的环境声明，不应在最终声明和组织的 EMAS 环境声明上签字。换而言之，只有在组织完全合规的情况下，EMAS 环境认证员才可签字，并认可 EMAS 环境声明。

3.4　注册过程

3.4.1　EMAS 法规的第二章、第三章和第四章确立了注册工作的总体原则。

3.4.2　组织应尽早与认证员和一级主管机构沟通，理清与注册工作文件有关的语言问题，并谨记 EMAS 法规第 5 条第 3 款和附录四（D）的要求。

3.4.3　一级主管机构须检查申请书内容，并与相关的其他主管机构沟通。这意味着所涉及的其他主管机构将本国范围场所的信息告知一级主管机构。

3.4.4　涉及的其他主管机构应通过其认证和许可机构，检查本国参与注册过程的认证员是否获得了对应 NACE 编码的认证或许可。这意味着，主管机构将核查认证员是否根据 EMAS 法规第 24 条第 1 款给出了恰当和及时的通知（在成员国审核时应至少提前四个星期）。因此，如果其他成员国认证员进行审核，组织注册所属的主管机构应与认证员所在国家的认证或许可机构沟通，如果认证员的能力未获得认证和许可机构的认可，则认证或许可机构可勒令认证员遵守相关要求，或者将问题告知主管机构。如果主管机构和认证与许可机构，以及主管机构和一级主管机构之前缺乏这一最起码的沟通，则监督效果就可能受到影响。

3.4.5 在组织注册过程中，所涉及的所有主管机构都应根据本国的程序，核查位于本国范围内的场所是否符合 EMAS 法规。主管机构应将决定（可以注册/不能注册）通知一级主管机构。如果最终决定是不能注册，主管机构须以声明的方式将理由告知一级主管机构。由于该声明是约束性的，一级主管机构可决定停止团体注册程序，直至该组织满足 EMAS 法规要求（在这种情况下，所有场所都不能进行 EMAS 注册），也可以通知该组织去掉存在争议的场所，继续进行团体注册。

3.4.6 一级主管机构同意注册后，须通知所涉及的所有国家主管机构，然后他们通知本国对应的执法机构。

注：

欧盟委员会鼓励各国主管机构间交流各自执法机构的详细联系信息，促进主管机构和执法机构之间的信息交流，以及时通知或了解不合规情况。

3.4.7 在审核过程中，国家层面的合法合规性监督由国家执法机构和认证员予以确保。如果国家执法机构发现不合规的情况，则必须通知国家主管机构，再由其通知一级主管机构。

3.4.8 如果场所所在的成员国主管机构发现该场所违法的证据、投诉或者其他相关信息，根据注册、续期、中止、注销要求，主管机构须立即将该问题的监督报告发给一级主管机构。

3.4.9 有些成员国需要根据法规收取费用，因此一级主管机构无权决定其他成员国的法定费用。一级主管机构对于费用事宜，只需告知组织应支付的总费用和其中每个国家的费用要求。一级主管机构因告知组织，其总费用是需要注册的每个场所所在国家收取的团体注册费之和。

按照 EMAS 法规第 5 条第 2 款（d）规定，所有相关主管机构应通知一级主管机构，组织在注册前已经按照相应规定支付了费用。

注：

欧盟委员会特别鼓励所有成员国尽量降低对团体注册收取的费用。对于团体注册，仅一级主管机构会产生与常规注册相当的管理成本，所涉及的其他主管机构工作量不太大，因此成本较低。低注册费可增强 EMAS 和团体注册的吸引力。

3.4.10　涉及的所有主管机构，应直接向申请注册的组织收取本国场所注册所产生的费用。

3.5　已注册的组织

3.5.1　如果已注册的组织申请欧盟团体注册，在该组织提出要求后，一级主管机构可扩大其注册范围，以维护国家注册簿中的数量。在国家注册簿中，才用新注册编号记录该组织。在这种情况下，已注册场所所在成员国的所有相关主管机构，须确保那些已注册场所都在新注册编号之下。

3.6　注册注销和中止

3.6.1　本具体程序采用 EMAS 法规第 15 条确定的中止和注销总体规则。

3.6.2　对已注册组织的任何投诉都须告知主管机构。

3.6.3　每个主管机构负责位于本国境内场所的相关注册程序。如果组织必须中止 EMAS，或者从注册簿中注销，所有相关国家的主管机构通过意见声明通知一级主管机构。这意味着国家主管机构仅发布对本国场所的声明。如果有一个声明确定一国场所不能注册，则一级主管机构按照 EMAS 法规第 15 条的要求，启动注销或中止程序。在最终做出注销或者中止注册的决定前，一级主管机构应通知所有相关合作主管机构，通知主管机构中止/注销注册的原因。一级主管机构还应将注销或中止的决定以及原因通知该组织的总部或管理中心。然后，一级主管机构让该组织决定是否从 EMAS 注册簿上注销，或是否将存在争议的场所从团体注册范围内去除。

3.6.4　团体注册程序所涉及各个国家主管机构之间的争议须在主管机构论坛内部解决。一级主管机构和各个组织的争议，将按照一级主管机构所在国的法律解决。组织和各个主管机构之间的争议，例如团体注册程序中，场所的合法合规性情况等，将按照相关成员国的法律解决。争议将按照 EMAS 法规第 15 条的要求解决。

3.6.5　如果国家主管机构之间的争议在主管机构论坛内部不能解决，可以去掉存在争议的场所，然后继续注册程序。

3.7 语言问题

3.7.1 EMAS 环境声明和其他相关文件，须采用一级主管机构所在成员国的官方语言（第 5 条第 3 款）。如果组织提交的团体环境声明中包括每个场所的信息，则须采用这些场所所在成员国的官方语言（可以只选一种）。

4. 第三国注册——针对在第三国设有一个或多个场所的组织（第 2 种情况）

EMAS 第三国注册指在一个或多个第三国运营的组织进行 EMAS 注册。根据 EMAS 法规，成员国自由决定国家主管机构是否根据 EMAS 法规第 11 条第 1 款受理第三国组织的注册。

4.1 第三国的适用法规和合规性

4.1.1 各个组织必须始终遵守 EMAS 注册场所所在各国的国家法律要求。

4.1.2 为了确保 EMAS 保持较高的目标和公信力，第三国组织的环境绩效应尽可能接近欧盟和欧盟各国法规要求的水平。因此，对于欧洲共同体以外的组织，在环境声明中除了列出各场所相关国家的环境要求外，最好也列出注册申请所在成员国对类似组织环境方面的法律要求（EMAS 法规第 4 条第 4 款）。如果额外增加更高的绩效目标，应参考上述法律要求清单，但不作为对组织合规评估的约束性指标。

4.1.3 根据 EMAS 法规附录四（B），各个组织的环境声明应引用适用的国家环境法律要求。

4.1.4 对于位于第三国的场所，EMAS 法规第 4 条第 4 款提及的书面证据最好包括：

——第三国执法机构的声明，包括适用于该组织的环境许可信息，说明不存在不合规问题的证据，没有对该公司的强制执行、诉讼或投诉。

——另外，环境声明最好还包括第 4.1.2 提及的第三国法规与注册申请所在国家法规之间的比对表。

4.2 EMAS 第三国认证和许可

4.2.1 每个成员国必须确定是否提供第三国注册。因此，成员国须确保其国家认证或许可机构对在第三国做 EMAS 的环境认证员提供认证和许可。只有提供"第三国注册"的成员国才能为在第三国运营的组织进行注册。

4.2.2　如果成员国决定提供第三国注册，根据 EMAS 法规第 3 条第 3 款，能否从该国获得注册实际上取决于是否有符合条件的环境认证员。已经具备要求的认证员，可以在提供第三国注册的成员国申请认证，在认证过程中要表明针对具体第三国、涵盖相应的经济领域（根据 NACE 编码）。

说明：

这意味着，在指定的第三国开展认证工作的认证员必须获得针对该国的认证，必须获得相应成员国认证和许可机构的认证，该成员国提供第三国注册，而且是组织注册申请所在的国家。

4.2.3　认证员获得的第三国认证或许可证，必须注明第三国具体的国家名称，从而使得注册与 EMAS 法规第 22 条第 2 款的规定保持一致。由成员国决定是对第三国逐个签发单独的证书，还是签发一个总的认证证书，并附上地理名录，列出认证机构可以进行许可工作的国家名单。

说明：

考虑到第 22 条"第三国环境认证员的补充要求"，第三国的认证/许可只是欧洲基本认证/许可的补充。这表明，第三国认证/许可可以作为认证/许可总体原则和要求在一定范围内的补充。因此，第三国认证/许可必须包括至少在一个成员国的认证/许可，而且在一定范围内。

认证员一旦在某个成员国经过认证或许可，则可以根据法规第 24 条在其他成员国开展认证工作。

4.3　主管机构的任务

4.3.1　有多个主管机构的成员国，应确定哪家主管机构负责受理第三国注册申请，并且应当与按照 5.3.1 指定的机构一致。

4.3.2　场所仅在第三国的组织可以向受理的成员国任一主管机构提交注册申请，该成员国须满足以下条件：

（a）成员国受理第三国组织的注册申请；

（b）经认证或许可的认证员，可以在场所所在的第三国开展注册审核工作，这些认证员许可认证范围必须涵盖相关的 NACE 编码（换而言之，认证员决定了受理注册的成员国，反之亦然）。

4.3.3　主管机构应协调成员国认证和许可机构，确保凡是可以进行第三国组织注册的成员国，其主管机构和认证或许可机构能够顺利完成各自的任务。

4.4　获得认证或许可的认证员的任务

4.4.1　EMAS 法规的第五章和第六章确定了适用于 EMAS 环境认证员的总体原则，对认证员的认证和许可、审核过程做出了规定。

4.4.2　允许第三国注册的成员国，必须落实认证或许可第三国认证员的具体程序。根据本节内容，认证员的认证或许可工作将在各国家逐个进行，作为通用认证或许可证的补充。

4.4.3　认证员（或认证员工作组）所具有的认证或许可资质对应的 NACE 编码，应涵盖申请注册的组织所有场所的活动类别。由于组织的活动范围较广，可能需要多名合适的认证员。实际上，对于大型组织的所有活动而言，只有一个认证员是很难开展工作的。如果认证员本人并未获得相关 NACE 编码的认证或许可，那么在适当的情况下，可以邀请其他环境认证员合作。由申请注册的组织根据 EMAS 法规的第 4 条决定是否使用多个认证员。除认证员缺乏相关 NACE 编码范围等原因外，各个组织还可以根据其他原因）使用多位认证员，例如，当地经验、语言，将 EMAS 审核和其他标准认证结合等。

4.4.4　所有合作的认证员，必须签署 EMAS 法规第 25 条第 9 款的声明书和 EMAS 环境声明。每个认证员负责本专业领域（与 NACE 编码有关）审核内容结果。所有认证员必须在同一份声明上签名，从而一级主管机构可以确认所有涉及到的认证员。然后，主管机构能够通过认证和许可机构，核实所有涉及的认证员是否遵守了 EMAS 法规第 23 款第 2 条的提前告知义务。通过这一做法，一级主管机构也可核实所涉认证员的 NACE 编码是否涵盖了被审核组织的经济活动类型。

4.4.5　希望在第三国开展工作的认证员，必须按照 EMAS 法规的规定，获得指定国家的认证或许可证，作为通用认证或许可证的补充。这意味着他们必须：

（a）具备适用于组织的 NACE 编码范围的认证或许可证；

（b）按照认证或许可需要，熟悉和掌握第三国环境相关法律、监管和行政要求；

（c）按照认证或许可需要，熟悉和掌握第三国官方语言。

4.4.6　认证员应按照申请所涉及的国家现行的法律体系，作为认证工作内容的一部分，检查适用于该组织的所有环境批准或许可或者其他类型的证明材料。

4.4.7　在第三国内审核，除了常规职责外，认证员还须具体和深入地检查组织各场所的合规性。因此，要重点考虑 EMAS 法规第 13 条第 2 款的内容，认证员须核实不存在环境不合规的证据。认证员应联系执法机构，获得合规方面的详细信息，采用执法机构的裁决。认证员必须判断已经收到的材料证据是否充分，例如主管执法机构的书面报告等。如果没有找到不合规的证据，则应该在环境认证员的认证和审定活动声明书（EMAS 法规的附录七）中签字。声明要由认证员签署。认证员有责任通过 EMAS 法规的常规审核手段，核查 EMAS 法规的要求是否得到满足。为了确保第三国场所的注册质量与欧盟类似场所的注册质量相同，认证员可以进行风险评估。

4.4.8　按照 EMAS 法规第 13 条第 2 款（d）要求，认证员应核查利益关系方是否进行过相关投诉，如果有，投诉是否已经得到妥善解决。

4.4.9　受理第三国注册的成员国，须落实强化认证过程的措施，确保针对具体第三国认证的认证员具备丰富的知识，有能力核查组织在第三国的合规性。

4.4.10　受理第三国注册的成员国，可落实备选的特定条款，强化合规性核查，确保注册过程与欧盟内部的注册过程相近，也可以达成协议（双边协议、谅解备忘录等）。此类协议包括具体的程序，用于在第三国和成员国各自执法机构之间交流合规性，在初次注册或者续期和下次续期期间，将违反适用法律要求的情况及时传达给成员国主管机构。

4.4.11 在第三国内开展认证或审定工作的，环境认证员须至少提前六个星期将其认证或许可证的具体信息、认证或许可的时间地点，通知注册申请或已注册组织所在成员国的认证或许可机构。还可通知准备注册场所所在成员国的主管机构。

4.4.12 开展注册工作时，认证员如果发现不合规的情况，则不应签署EMAS 环境声明和法规第 25 条第 9 款所述的声明书。

4.4.13 在注册有效期内，或者在续期时间内，如果认证员发现组织有不合规问题，认证员可向主管机构汇报，即组织不符合 EMAS 的要求。在续期时，如果该组织证明已经采取了措施，确保实现合规（即配合执法机构），认证员可只签署第 25 款第 9 条所述的声明书和更新的 EMAS 环境声明。如果该机构不能向认证员证明已经采取足够措施来实现合规，认证员不应批准新的审核声明，不应签署 EMAS 环境声明。

4.5 注册过程

4.5.1 组织应提早与认证员和主管机构沟通，理清注册文档相关的语言问题，并谨记 EMAS 法规第 5 条第 3 款和附录四（D）的要求。

4.5.2 注册申请书送达主管机构之前，组织须向认证员提供实物或文件证据，证明不存在本指导意见 4.1.4 所述的环境不合规的证据。

4.5.3 在满足 EMAS 要求，特别是满足法规附件二注册过程的要求之后，同时 EMAS 环境声明通过具有认证或许可资质的认证员审批之后，组织须向主管机构提交申请表，以及 EMAS 法规附件六和附件七等相关文件，进行注册。

4.5.4 主管机构须检查申请书的内容，为此，主管机构须与该国认证或许可机构进行沟通。

4.5.5 认证和许可机构需根据 EMAS 法规第 20、21、22 条的规定，评估环境认证员的能力。如果认证员的能力未获得认可，则认证或许可机构可强制认证员遵从相关要求，并将问题通知主管机构。反之亦然，如果获知已经收到了注册申请，且包括位于第三国的场所，那么主管机构必须与认证或许可机构进行沟通。收到此类消息后，认证和许可机构应将该认证员的相关信息发送给主管机构。这有助于主管机构最终判定，相关认证员的认证或许可是否具备注册过程所需的 NACE 编码范畴。如果主管机构和认证与许可机构之间缺乏这些最基本的沟通，监督效果就会受到影响。

4.5.6　负责注册的主管机构，根据组织提供给认证员的信息，协调检查合规性。只有当成员国与第三国之间有特殊协议，且该协议包含允许成员国联系第三国执法机构的条款时，他们才可以直接与第三国的执法机构检查合规性。如果没有特殊协议，主管机构只能从认证员、组织那里获得资料或文件证据，证明组织遵守适用的法律要求。

4.6　注册注销和中止

4.6.1　主管机构须遵守 EMAS 法规中关于注销和中止的总体原则。

4.6.2　对已注册组织的投诉，须通知主管机构。

4.6.3　希望进行 EMAS 注册，且愿意开始注册程序的第三国组织，必须接受以下条件：主管机构会要求认证员在做出决定前，核实位于第三国的场所注销或中止注册的可能的原因。该组织须配合，并回答认证员或主管机构关于中止和注销原由的所有问题。该组织还必须愿意承担该认证员为了澄清情况所需的工作成本。

4.6.4　负责注册的成员国和第三国签订的协议，可能包括特别条款，以确保合法监督，确保从第三国执法机构到主管机构都对违规情况进行积极沟通。

4.6.5　在任何情况下，甚至是存在上述协议的情况下，认证员都须负责检查合规性。

在合规性检查中，应包括可能导致注册注销或中止的投诉和合规问题。

4.6.6　可咨询在第三国运营的非政府组织，并将其作为信息来源之一。在任何情况下，认证员都必须将认证过程中检索到的相关信息报告给主管机构。

4.7　语言问题

4.7.1　为了进行注册，EMAS 环境声明和其他相关文件须采用主管机构所在的成员国的官方语言（之一），方可提交（第 5 条第 3 款）。如果团体注册的环境声明中包括了第三国场所的信息，则该信息还须额外提供该场所所在第三国的官方语言版本（官方语言之一即可）。

5. 全球注册——在成员国和第三国有多个场所的组织（第 3 种情况）

EMAS 全球注册是指在欧盟内外有多个场所的组织，向受理第三国注册的成员国申请，对所有或部分场所进行统一注册。

对于在成员国和第三国设有多家场所的注册程序，整合了前述两种程序——欧盟团体注册和第三国注册，情况较为复杂。本节说明与本指南第 3 节和第 4 节内容的不同之处。

5.1 成员国和第三国适用法规和法律的合规性

5.1.1 各个组织必须始终遵守适用于 EMAS 注册场所的欧盟和国家的法律要求。

5.1.2 为了确保 EMAS 保持较高的目标和公信力，第三国组织的环境绩效应尽可能接近欧盟和欧盟各国法规要求的水平。因此，对于欧洲共同体以外的组织，在环境声明中除了列出各场所相关国家的环境要求外，最好也列出注册申请所在成员国对类似组织环境方面的法律要求（EMAS 法规第 4 条第 4 款）。如果额外增加更高的绩效目标，应参考上述法律要求清单，但不作为对组织合规评估的约束性指标。

5.1.3 对于第三国的场所，法规第 4 条第 4 款的书面证据应包括：

——第三国执法机构的声明，包括适用于该组织的环境许可信息，以表明不存在不合规的证据、不存在对该公司的强制执行、诉讼或投诉。

——另外，环境声明最好还包括第 5.1.2 提及的第三国法规与受理组织申请注册的国家法规的对比表。

5.2 认证和许可

5.2.1 第 4.2 节关于 EMAS 第三国认证和许可的规定同样适用。

5.3 主管机构的任务

5.3.1 有多个主管机构的成员国，应确定具体由哪家主管机构受理全球注册申请，这与第 4.3.1 节指定的主管机构保持一致。

5.3.2　全球注册申请应提交给受理全球注册的成员国指定的任一主管机构，例如在欧盟成员国和第三国都拥有场所的组织，须满足以下条件：

（a）成员国规定了受理欧盟以外组织的注册事宜；

（b）具备已获得认证或许可、可在涉及注册场所所在的第三国开展审核工作的认证员，其认证或许可范围涵盖相对应的 NACE 编码。

5.3.3　负责全球注册工作程序的主管机构，其所在成员国根据以下顺序予以确定：

（1）组织的总部设在受理第三国注册的成员国，应将申请提交给该成员国的主管机构；

（2）组织的总部未设在受理第三国注册的成员国，但是管理中心设在该成员国，应将申请提交给该成员国的主管机构；

（3）申请全球注册的组织在受理第三国注册的任一成员国既没有总部，也没有管理中心，则该组织必须在一个受理第三国注册的成员国建立一个"临时"管理中心，应将申请提交给该成员国的主管机构。

5.3.4　如果申请涉及不止一个成员国，则必须按照本指南第 3.2 节主管机构之间的协调程序。然后，按照欧盟团体注册工作程序，该主管机构作为一级主管机构。

5.4　获得认证或许可的认证员的任务

5.4.1　EMAS 法规的第五章和第六章确定了 EMAS 环境认证员的总体原则，对认证员的认证、许可、审核过程做出了规定。

5.4.2　受理全球注册的成员国，必须落实认证或许可全球认证员的具体工作流程。根据本节内容，认证员的认证或许可工作将在各国家逐个进行，作为通用认证或许可证的补充。

5.4.3　对于全球注册认证员（或认证员工作组）所具有的认证或许可资质对应的 NACE 编码，应涵盖申请注册的组织所有场所的活动类别。对于那些位于第三国的场所，认证员必须获得受理全球注册的成员国的认证或许可，而且其认证或许可工作范围涵盖所有场所的 NACE 编码。由于组织的活动范围较广，可能需要多名合适的认证员。实际上，对于大型组织的所有活动而言，只有一个认证员是很难开展工作的。如果认证员本人并未获得相关NACE编码的认证或许可，那么在适当的情况下，可以邀请其他环境认证员合作。由申请注册的组织根据 EMAS 法规的第 4 条决定是否使用多个认证员。除认证员缺乏相关 NACE 编码范围等原因外，各个组织还可以根据其他原因）使用多位认证员，例如，当地经验、语言，将 EMAS 审核和其他标准认证结合等。

5.4.4 所有合作的认证员，必须签署 EMAS 法规第 25 条第 9 款的声明书和 EMAS 环境声明。每个认证员负责本专业领域（与 NACE 编码有关）审核内容结果。所有认证员必须在同一份声明上签名，从而一级主管机构可以确认所有涉及的认证员。然后，主管机构能够通过认证和许可机构，核实所有涉及的认证员是否遵守了 EMAS 法规第 23 款第 2 条的提前告知义务。通过这一做法，一级主管机构也可核实所涉及认证员的 NACE 编码是否涵盖了被审核组织的经济活动类型。

5.4.5 希望在第三国开展工作的认证员，必须按照 EMAS 法规的规定，获得指定国家的专有认证或许可证，作为通用认证或许可证的补充。这意味着他们必须：

（a）具备适用于组织的 NACE 编码范围的认证或许可证；

（b）按照认证或许可需要，熟悉和掌握第三国环境相关法律、监管和行政要求；

（c）按照认证或许可需要，熟悉和掌握第三国官方语言。

5.4.6 认证员应按照申请所涉及的国家现行的法律体系，作为认证工作内容的一部分，检查适用于该组织的所有环境批准或许可或者其他类型的证明材料。

5.4.7 在第三国内审核，除了常规职责外，认证员还须具体和深入地检查组织各场所的合规性。因此，要重点考虑 EMAS 法规第 13 条第 2 款的内容，认证员须核实不存在环境不合规的证据。认证员应联系执法机构，获得合规方面的详细信息，采用执法机构的裁决。认证员必须判断已经收到的材料证据是否充分，例如主管执法机构的书面报告等。如果没有找到不合规的证据，则应该在环境认证员的认证和审定活动声明书（EMAS 法规的附录七）中签字。声明要由认证员签署。认证员有责任通过常规审核手段，核查 EMAS 法规的要求是否得到满足。为了确保第三国场所的注册质量与欧盟类似场所的注册质量相同，认证员可以进行风险评估。

5.4.8　按照 EMAS 法规第 13 条第 2 款（d）要求，认证员应核查利益关系方是否进行过相关投诉，如果有，投诉是否已经得到妥善解决。

5.4.9　受理第三国注册（以及全球注册）的成员国，落实强化认证过程的措施，确保针对具体第三国认证的认证员具备丰富的知识，有能力核查组织在第三国的合规性。

5.4.10　受理全球注册的成员国，可落实备选的特定条款，强化合规性核查，确保注册过程与欧盟内部的注册过程相近，也可以达成协议（双边协议、谅解备忘录等）。此类协议包括具体的程序，用于在第三国和成员国各自执法机构之间交流合规性，在初次注册或者续期和下次续期期间，将违反适用法律要求的情况及时传达给成员国主管机构。

5.4.11　在第三国内开展认证或审定工作的，环境认证员须至少提前六个星期将其认证或许可证的具体信息、认证或许可的时间地点，通知注册申请或已注册所在成员国的认证或许可机构，并且必须将上述详细信息告知所有场所所在的成员国的主管机构。

5.4.12　开展注册工作时，认证员如果发现不合规的情况，则不应签署 EMAS 环境声明和法规第 25 条第 9 款所述的声明书。

5.4.13　在注册有效期内，或者在续期时间内，如果认证员发现组织有不合规问题，认证员可向主管机构汇报，即组织不符合 EMAS 的要求。在续期时，如果该组织证明已经采取了措施，确保实现合规（即配合执法机构），认证员可只签署第 25 款第 9 条所述的声明书和更新的 EMAS 环境声明。如果该机构不能向认证员证明已经采取足够措施来实现合规，认证员不应批准新的审核声明，不应签署 EMAS 环境声明。

5.5 注册过程

5.5.1 组织应提早与认证员和主管机构沟通，理清注册文档相关的语言问题，并谨记 EMAS 法规第 5 条第 3 款和附录四（D）的要求。

5.5.2 组织须提供第 5.1.3 节的合规性材料证据。

5.5.3 组织在满足 EMAS 要求，特别是 EMAS 法规附件二的注册要求，而且 EMAS 环境声明通过了具有认证或许可资格的认证员审批之后，须向（一级）主管机构提交申请表、附件六和附件七等相关文件，进行注册。

5.5.4 负责注册的主管机构须检查申请材料的内容，主管机构须与国家认证或许可机构以及其他相关的主管机构沟通。必要时，负责审核的认证员也可参与沟通过程。沟通方式可以选择常规邮件、电子邮件或传真，但应保留书面沟通证据。

5.5.5 所有认证和许可机构需根据 EMAS 法规第 20、21、22 条的规定，评估环境认证员的能力。如果认证员的能力未获得认可，则认证或许可机构可强制认证员遵从相关要求，并将问题通知主管机构。反之亦然，如果获知已经收到了注册申请，且包括所有申请注册的场所，那么主管机构必须与认证或许可机构进行沟通。收到此类消息后，认证和许可机构应将该认证员的相关信息发送给主管机构。这有助于主管机构最终判定，相关认证员的认证或许可是否具备注册过程所需的 NACE 编码范畴。如果主管机构和认证与许可机构之间缺乏这些最基本的沟通，监督效果就会受到影响。

5.5.6 负责注册的主管机构，根据组织提供给认证员的信息，协调检查合规性。只有当成员国与第三国之间有特殊协议，且该协议包含允许成员国联系第三国执法机构的条款时，他们才可以直接与第三国的执法机构检查合规性。如果没有特殊协议，主管机构只能从认证员、组织那里获得资料或文件证据，证明组织遵守适用的法律要求。

5.5.7 如果可以，在作出注册的决定后，一级主管机构须通知所涉及的所有国家主管机构，主管机构通知相应的执法机构。

5.5.8 如果注册程序涉及多个主管机构，则根据 3.4 节进行操作。

5.6 注册注销和中止

5.6.1　主管机构须遵守 EMAS 法规中关于注销和中止的总体原则。

5.6.2　对已注册组织的投诉，须通知主管机构。

5.6.3　希望进行 EMAS 注册，且愿意开始注册程序的第三国组织，必须接受以下条件：主管机构会要求认证员在做出决定前，核实位于第三国的场所注销或中止注册的可能的原因。该组织须配合，并回答认证员或主管机构关于中止和注销原由的所有问题。该组织还必须愿意承担该认证员为了澄清情况所需的工作成本。

5.6.4　在任何情况下，甚至是存在上述协议的情况下，认证员都须负责检查合规性。在合规性检查中，应包括可能导致注册注销或中止的投诉和合规问题。

5.6.5　可咨询在第三国运营的非政府组织，并将其作为信息来源之一。在任何情况下，认证员都必须将认证过程中检索到的相关信息报告给主管机构。

5.7　语言问题

5.7.1　EMAS 环境声明和其他相关文件须提供一级主管机构所在成员国的官方语言版本（第 5 条第 3 款）。另外，如果团体注册的环境声明中包括了每个场所的信心，对于欧盟境内的场所，应提供场所所在成员国的官方语言（之一）版本，对于那些位于第三国的场所，所提供信息最好有相应第三国的官方语言版本（之一）。